Friederike J. Gruhl

Oberflächenmodifikation von Surface Acoustic Wave (SAW) Biosensoren für biomedizinische Anwendungen

Schriften des Instituts für Mikrostrukturtechnik
am Karlsruher Institut für Technologie
Band 7

Hrsg. Institut für Mikrostrukturtechnik

Eine Übersicht über alle bisher in dieser Schriftenreihe erschienenen Bände finden Sie am Ende des Buchs.

Oberflächenmodifikation von Surface Acoustic Wave (SAW) Biosensoren für biomedizinische Anwendungen

von
Friederike J. Gruhl

KIT Scientific Publishing

Dissertation, Karlsruher Institut für Technologie
Fakultät für Chemie und Biowissenschaften
Tag der mündlichen Prüfung: 12. Juli 2010
Referent: Prof. Dr. Jonathan Sleeman
Korreferent: Prof. Dr. Volker Saile, Prof. Dr. Martin Bastmeyer

Impressum

Karlsruher Institut für Technologie (KIT)
KIT Scientific Publishing
Straße am Forum 2
D-76131 Karlsruhe
www.ksp.kit.edu

KIT – Universität des Landes Baden-Württemberg und nationales
Forschungszentrum in der Helmholtz-Gemeinschaft

KIT Scientific Publishing 2010
Print on Demand

ISSN: 1869-5183
ISBN: 978-3-86644-543-7

Oberflächenmodifikation von Surface Acoustic Wave (SAW) Biosensoren für biomedizinische Anwendungen

Zur Erlangung des akademischen Grades eines

DOKTORS DER NATURWISSENSCHAFTEN

(Dr. rer. nat.)

Fakultät für Chemie und Biowissenschaften
Karlsruher Institut für Technologie (KIT) - Universitätsbereich
genehmigte

DISSERTATION

von

Dipl.-Biol. Friederike J. Gruhl
aus Karlsruhe

Dekan: Prof. Dr. Stefan Bräse
Referent: Prof. Dr. Jonathan Sleeman
Korreferent: Prof. Dr. Volker Saile, Prof. Dr. Martin Bastmeyer
Tag der mündlichen Prüfung: 12.07.2010

El camino se hace andando -

Der Weg entsteht beim Gehen.

Unbekannter spanischer Verfasser

In Erinnerung und Liebe an Brigitte Gruhl.

Danksagung

Herrn Prof. Dr. Volker Saile und Herrn PD Dr. Andreas Guber danke ich nicht nur für die Möglichkeit diese Arbeit am Institut für Mikrostrukturtechnik anfertigen zu können, sondern auch für das immer wieder gezeigte Interesse an den biologischen Themengebeiten und die vielfältige Unterstützung. Herrn Prof. Jonathan Sleeman danke ich für die freundliche Übernahme des Erstreferats.

Mein besonderer Dank gilt meiner Betreuerin Frau Dr. Kerstin Länge für die tatkräftige Unterstützung im Laboralltag und besonders in der heißen Endphase des Zusammenschreibens. Ebenso danke ich Herrn Dr. Michael Rapp für die Aufnahme in seine Gruppe.

Darüber hinaus gilt mein Dank allen Mitgliedern der „SAW Biosensorik“ und der „Integrierten Mikrofluidik“ für die hervorragende und sehr angenehme Arbeitsatmosphäre, die sich in so vielfältiger Weise niedergeschlagen hat. Ganz besonderer Dank gilt hierbei dem „harten Kern“ der Gruppen: Dr. Bastian Rapp, Achim Voigt und Marian Dirschka.

Prof. Dr. Mauro dos Santos de Carvalho danke ich für die schöne gemeinsame Zeit und das brasilianische Flair.

Ein ganz herzliches Dankeschön gilt Frau Dr. Nicole Barié, deren Freundschaft und Humor mich all die Zeit begleitet hat.

Zuletzt gilt mein ganz persönlicher Dank meinem Vater, ohne dessen liebevolle Unterstützung durch all die Jahre dieser Weg nicht möglich gewesen wäre.

Kurzfassung

Im Rahmen dieser Arbeit wurden Oberflächenfunktionalisierungen für Sensoren basierend auf akustischen Oberflächenwellen (engl. surface acoustic wave, SAW) entwickelt, die deren Anwendung im biomedizinischen Bereich ermöglichen. Mit SAW Biosensoren können Analyte masse-sensitiv, markierungsfrei und direkt nachgewiesen werden.

Kernstück eines jeden Biosensors ist die biologische Erkennungsstruktur, die der selektiven Bindung des Analyten dient. Für die Anwendung von Sensoren in der biomedizinischen Analytik müssen diese die Analyten im relevanten Konzentrationsbereich (meist wenige ng/ml) spezifisch und selektiv nachgewiesen werden können. Hierfür muss die Immobilisierungsmatrix unspezifische Interaktionen von den Hintergrundproteinen in Körperflüssigkeiten (Serum oder Plasma) mit der Sensoroberfläche verhindern und gleichzeitig eine gezielte Ankopplung des spezifischen Analyt-Bindungspartners auf der Sensoroberfläche erlauben. Die Auswahl dieser Immobilisierungsmatrix beeinflusst, ebenso wie die Wahl des Bindungspartners, die anschließende Signalantwort des SAW Biosensors bei der Analytbeprobung.

Anhand zweier biomedizinischer Anwendungen wurden in dieser Arbeit Beschichtungs- und Assayprotokolle entwickelt, die nun einen markierungsfreien Nachweis des jeweiligen Analyten im relevanten Konzentrationsbereich ermöglichen.

Für Lebensmittel, wie z. B. Milch, wurden gesetzliche Höchstgrenzen für Antibiotikarückstände festgelegt. Diese liegt für Penicillin G bei 4 ng/ml. Aus diesem Grund sind in den letzten Jahren zunehmend qualitative und quantitative Schnelltestsysteme für den Vor-Ort-Nachweis (z. B. direkt am Milchtank) gefragt. Diese sollten innerhalb kurzer Zeit und ohne erheblichen präparativen Aufwand eine Analytdetektion ermöglichen. In bisher zitierten Arbeiten eingesetzte Biosensoren konnten den genannten Anforderungen nicht gerecht werden. Im Rahmen dieser Arbeit konnte ein Inhibierungsassay entwickelt werden, mit dem es nun möglich ist, das ß-Laktam-Antibiotikum Penicillin G in einer Konzentration von 10 ng/ml schnell und unkompliziert nachzuweisen.

Ein Anwendungsgebiet der klinischen Diagnostik ist die Konzentrationsbestimmung sogenannter Markerproteine im Blut. Über deren Konzentrationsänderungen kann der Verlauf und das Therapieansprechen bei Krankheiten, wie z. B. Brustkrebs, beurteilt werden. Heutige

Analyseverfahren sind in der Regel sehr kosten- und zeitintensiv. Im Rahmen dieser Arbeit konnte ein geeignetes Immobilisierungsverfahren für Antikörper unter Verwendung von Linkern entwickelt werden, das gegenüber der herkömmlichen kovalenten Immobilisierung von Antikörpern zu einer Empfindlichkeitssteigerung beim Nachweis der Markerproteine geführt hat. So ist es gelungen, die Brustkrebsmarker HER-2 (engl. human epidermal growth factor-2) und TIMP-1 (engl. tissue inhibitor of metaloproteinases-1) im Bereich der jeweiligen medizinischen Schwellenwerte von 13-20 ng/ml (HER-2) bzw. 196 ng/ml (TIMP-1) nachweisen zu können.

Abstract

In this work, surface modifications for sensors based on surface acoustic wave (SAW) were developed which allow the application of those sensors in the biomedical area. SAW biosensors permit mass-sensitive, label-free and direct detection of analytes.

The core of each biosensor is the biological recognition element, which enables the selective binding of analytes. For the use of sensors in biomedical applications, they must allow for the detection of analytes specifically and selectively in the relevant concentration range (typically few ng/ml). Therefore, the immobilization matrix has to prevent unspecific interactions of the background proteins of body fluids (serum or plasma) with the sensor surface and, at the same time, it has to enable appropriate coupling of corresponding binding partners on the sensor surface. The choice of the immobilization matrix as well as the choice of the corresponding binding partners influence the signal response of SAW biosensors during analyte detection.

By means of two biomedical applications procedures for sensor coating and assay format were developed, which now enable the label-free detection of the respective analyte in the relevant concentration range.

For food, e.g., milk, maximum residue limits (MRL) for antibiotics were legally defined. The MRL for penicillin G is 4 ng/ml. For this reason, qualitative and quantitative rapid analysis systems for on-site detection (e.g., directly at the milk storage vessel) have been increasingly demanded in the last years. Those should enable the detection of analytes within a short time and without an extensively preparative effort. Biosensors used in recently published works could not meet the requirements aforementioned. In this work, a binding inhibition assay could be developed allowing the detection of the ß-lactam antibiotic penicillin G at a concentration of 10 ng/ml in a rapid and easy way.

An application area in clinical diagnostics is the determination of concentrations of so-called marker proteins in blood. Changes in the concentrations of those markers can be used to estimate course and response to treatment of certain diseases, such as, e.g., breast cancer. Currently used analysis methods are usually very expensive and time-consuming. In this work, a suitable immobilization procedure for antibodies based on their coupling via linkers could be developed, which led to an increase of sensitivity when detecting the marker proteins compared to conventionally used covalent immobilization of antibodies. Hence, the breast cancer markers HER-2 (human epidermal growth factor-2) and TIMP-1 (tissue inhibitor of mettaloproteinases-1) could be successfully detected in the range of the respective medical cut off values, i.e., 13-20 ng/ml (HER-2) and 196 ng/ml (TIMP-1).

Inhaltsverzeichnis

Abbildungsverzeichnis

Tabellenverzeichnis

1 Einleitung

1.1 Biosensoren

Ein Biosensor beruht auf der engen räumlichen Kopplung zweier Funktionselemente, der biologischen Erkennungsstruktur und des Transduktors (engl. Transducer), der für die Umwandlung biochemischer Prozesse in ein auswertbares Signal verantwortlich ist (Abb. 1-1). Durch Wechselwirkungen zwischen Analyt und der *selektiven biomolekularen Erkennungsstruktur* wird ein biochemisches Signal erzeugt, das durch den *Transduktor* in elektronisch auswertbare Daten umgewandelt wird [Tur1987]. Ein Biosensor ist gemäß IUPAC (International Union of Pure and Applied Chemistry) demnach ein Messfühler mit einer integrierten, sensitiven biologischen Komponente. Diese ist unmittelbar verbunden mit einem Transduktor, oder sie ist in diesen integriert. Das übliche Ziel ist die Generierung eines elektronischen Signals, welches proportional ist zur Konzentration einer spezifischen Substanz oder einer Reihe von Substanzen [The2001].

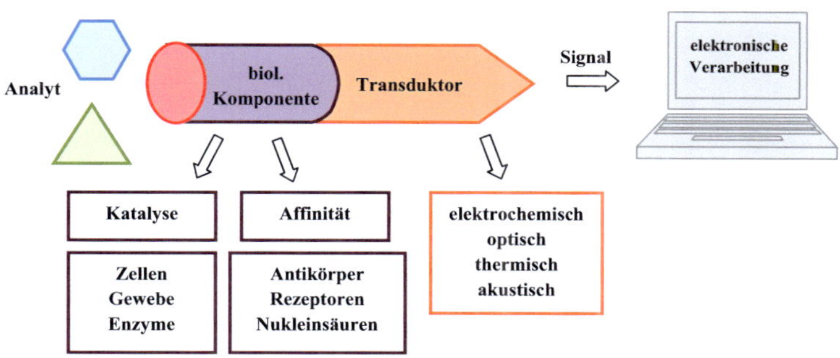

Abb. 1-1: Schematische Darstellung des Biosensorkonzepts (nach [Mas2008]).

Anwendung finden Biosensoren insbesondere in der Umweltanalytik (z. B. Schadstoffbelastung von Gewässern), der Lebensmittelanalytik (z. B. Antibiotikarückstände) und der Prozesskontrolle [Sch2001a; Hal2001; Mel2002; Log2005; Rod2006; Jia2008]. Von Bedeutung sind auch Anwendungen in der Grundlagenforschung, z. B. zum Nachweis von Makromolekülen und deren Interaktionen in physiologischen Medien [Haa2000]. In den letzten zwei Jahrzehnten zeichnet sich jedoch eine starke Tendenz zur Anwendung von

Biosensoren in der klinischen Diagnostik ab [Ora2003; Sch2001b]. Bereits etablierte Messsysteme, die als Vorläufer heutiger Biosensoren anzusehen sind, dienen unter anderem der Kontrolle von Glucose- oder Lactatkonzentrationen in Blut- und Urinproben [Ora2003; Pos2005; Gau2009; War2009]. Ebenfalls bereits weit verbreitet sind DNA-Untersuchungen, die der Erkennung von Erbkrankheiten und den daraus resultierenden Risikoeinschätzungen für den Patienten dienen [Hah2005; Ora2003; Sas2008].

Die Verwendung von Biosensoren ist abhängig von der analytischen Qualität bezüglich Spezifität, Reproduzierbarkeit, Sensitivität, Stabilität und der Akzeptanz der Anwender hinsichtlich einfacher Handhabung und richtigem Preis-Leistungs-Verhältnis. Insbesondere für die klinische Diagnostik sollte ein Biosensor eine schnelle, sensitive und selektive Detektion des Analyten gewährleisten.

Die Selektivität und Spezifität wird über die Qualität der biologischen Erkennungseinheit limitiert. Die Sensitivität des Sensors wird hingegen hauptsächlich von der Wahl des Transduktors bestimmt. Dementsprechend können Biosensoren sowohl über die biologische Erkennungseinheit, als auch über das Detektorprinzip oder alternativ einer Kombination aus beiden, klassifiziert werden [Sch1989].

Biosensoren können auf Grund der biologischen Komponente in zwei Gruppen unterteilt werden:

(1) *Enzym- oder Metabolismussensoren* quantifizieren die Konzentration des Reaktionsproduktes auf Grund der metabolischen Umsetzung.
(2) *Affinitätssensoren* nutzen jede Art von spezifischer biomolekularer Erkennung, wie z. B. Interaktionen von Antikörper und Antigen, von Rezeptor und Ligand oder von komplementären Nukleinsäuren.

Folgende drei Detektorprinzipien werden u. a. für Biosensoren verwendet:

(1) *Elektrochemische Transduktoren*
Sie nutzen Redoxsysteme auf der Elektrodenoberfläche aus, die amperometrisch oder potentiometrisch verfolgt werden können [Wan2006; Poh2008; Sad2009].
(2) *Optische Transduktoren*
Sie beruhen u. a. auf der Oberflächenplasmonenresonanz (engl. surface plasmon resonance, SPR) [Boo2006; Cam2007; Ric2008], der Reflektometrischen Interferenzspektroskopie (RIfS) [Haa2000], der Messung von Chemolumineszenz oder von

Fluoreszenz spezieller Marker [Sap2004; Dem2005].

(3) *Akustische Transduktoren*

Massesensoren beruhen auf der Auswertung einer mechanisch erzeugten akustischen Oberflächenwelle. Es werden vorwiegend die Masseänderungen auf Grund der Analytbindung an der Sensoroberfläche über Änderungen der Schallgeschwindigkeit der akustischen Oberflächenwelle mittels resultierender Frequenzänderungen hochempfindlich nachgewiesen. Hierzu gehören die Quarz-Mikrowaagen (engl. quartz crystal microbalance, QCM), z. T. die Cantilever und die akustischen Oberflächenwellen (engl. surface acoustic wave, SAW) Sensoren [Jan2000; Gro2007; Län2008a].

Markierungsfrei arbeitende Detektorprinzipien sind vor allem hinsichtlich der Kosten- und Zeitersparnis auf Grund eines geringeren präparativen Aufwandes für die Analyse von Interesse. Hierzu gehören beispielsweise die optische SPR-Technologie [Aye2007; Boo2006]. Biosensorsysteme auf Basis der Oberflächenplasmonenresonanz zur Detektion von Proteinkonzentrationen sind kommerziell erhältlich, wie z. B. das Biacore-System [Bia2009]. Der Nachweis des Analyten erfolgt nach dessen Bindung an die auf einer Goldoberfläche immobilisierten Fängermoleküle. Die Bindung verändert die Dicke der sensitiven Schicht und damit den Brechungsindex. Dies kann zeitaufgelöst und mit hoher Sensitivität wahrgenommen werden. Die hohen Kosten des Systems, die im Wesentlichen auf der komplexen Auswerteoptik beruhen, sowie die nur eingeschränkte Möglichkeit paralleler Analysen, wirken sich jedoch nachteilig für einen routinemäßigen Einsatz im klinischen Alltag aus.

Massesensitive Biosensoren eignen sich als Alternative für markierungsfrei arbeitende Detektorprinzipien. Sie sind z. T. in der hohen Sensitivität für relevante Konzentrationsbereiche (meist wenige ng/ml) mit der SPR-Technologie vergleichbar [She2008]. Hierzu gehören z. B. die QCM-Biosensoren. Die QCM-Technologie ist gegenwärtig die bekannteste Ausführung eines akustischen Sensors. Eine piezoelektrische Quarzscheibe wird oben und unten mit je einer Metallschicht bedampft, die als planare Elektroden fungieren. Zwischen den Elektroden stellt sich eine Dickenscherschwingung ein, deren Resonanzverschiebung als Sensorsignal ausgewertet werden kann. Bisherige Arbeiten haben gezeigt, dass sich die QCM-Sensoren für Untersuchungen von In-situ-Hybridisierungen (DNA/RNA) und Lipid-Protein-Wechselwirkungen über Immunreaktionen bis hin zur Detektion zellulärer Systeme eignen [Jan2000]. Zur Bestimmung von Schichtdicken und kinetischen Affinitätskonstanten bietet die schwedische Firma Q-Sense (ww.q-sense.com) ein kommerziell erhältliches QCM-

System an. Die für die Empfindlichkeit von gravimetrischen Sensoren entscheidende Grundfrequenz liegt bei QCMs jedoch meist nur im Bereich von bis zu 15 MHz [Giz1996; And2007].

SAW Biosensoren hingegen bieten auf Grund ihrer hohen Grundfrequenz von einigen MHz bis wenigen GHz hier den entscheidenden zusätzlichen Vorteil [Woh1984]. Akustische Wellen lassen sich hinsichtlich ihrer Ausbreitung im Medium generell in zwei Klassen unterteilen: in Oberflächenwellen (Surface Acoustic Waves, SAW) und akustische Volumenwellen (Bulk Acoustic Waves, BAW). Die Ausbreitung von BAWs erfolgt innerhalb des piezoelektrischen Materials. SAWs breiten sich an der Oberfläche des piezoelektrischen Substrates direkt oder durch Reflexion an den Grenzflächen aus. Die Oberflächenwellen werden durch aufgebrachte Elektroden, den Interdigitaltransduktoren (engl. interdigital transducer, IDT) erzeugt. Als Messgröße dienen die Verringerung der Ausbreitungsgeschwindigkeit und damit eine verringerte Frequenz der akustischen Welle. Beide Effekte sind proportional zur Masseanlagerung an der Sensoroberfläche (siehe Kapitel 1.3) [Gro2007; Län2008a].

Die ursprünglich in der Hochfrequenztechnologie eingesetzten SAW Bauteile wurden in den letzten Jahrzehnten vermehrt für die chemische Gassensorik verwendet [Rap1991; Sta1999]. Aktuellere Forschungsarbeiten beschäftigen sich mit der Biosensorik [Bar1998; Wes1999; Län2008b]. Der SAW Biosensor vereint die Vorteile der markierungsfreien und zeitaufgelösten Analyse mit einem kostengünstigen Gesamtsystem. Hierbei sind die Kosten für die einzelnen Sensoren und die Auswerteelekronik sehr niedrig. Des Weiteren besteht die Möglichkeit zur vergleichsweise einfachen und preiswerten Parallelanalyse mit Hilfe eines Sensorarrays [Rap2008].

Im Folgenden werden die historischen Hintergründe und theoretischen Grundlagen der SAW Biosensorik, deren Oberflächenmodifikation und die exemplarischen biomedizinischen Anwendungen erläutert. In Kapitel 2 werden die verwendeten Methoden beschrieben, die zu den in Kapitel 3 dargestellten Resultaten geführt haben. Diese werden in Kapitel 4 im wissenschaftlichen Kontext diskutiert. Kapitel 5 schließt die Arbeit zusammenfassend.

1.2 Geschichte und Anwendung der SAW Biosensorik

Die Entstehung der SAW Technologie hat ihre Wurzeln im 19. Jhdt. mit der Entdeckung des piezoelektrischen Effektes der Gebrüder Curie und der Oberflächenwellen durch Lord Rayleigh bei der Erforschung von Erdbeben. Die Entdeckung der piezoelektrischen Anregung von Oberflächenwellen etwa 60 Jahre später war ein weiterer Meilenstein, der zur Entwicklung erster Schichtdickenmessungen durch Sauerbrey und dem Einsatz des QCM in der Gassensorik ab Mitte des 20. Jhdt. beitragen konnte. Arbeiten zur Entwicklung und Optimierung sensitiver Sensoroberflächen ermöglichten ab etwa 1990 die Entstehung der aktuell verwendeten SAW Biosensoren. Im Folgenden werden relevante Forschungsarbeiten zeitlich eingeordnet und zusammenfassend dargestellt:

- 1880: Entdeckung des piezoelektrischen Effekts von den Brüdern Jaques und Pierre Curie [Cur1880].
- 1881: P. Curie und J. Lippmann entdeckten, dass durch Anlegen eines elektrischen Feldes der piezoelektrische Effekt umkehrbar ist und eine dazu proportional verlaufende mechanische Verzerrung des piezoelektrischen Kristalles erfolgt und somit eine mechanische Schwingung ausgelöst wird. Dies wird dann als inverse Piezoelektrizität oder Piezorestriktion bezeichnet [Lip1881].
- 1885: Entdeckung der Oberflächenwellen (OFW) durch Lord Rayleigh, Erdbebenwellen [Ray1894].
- 1944: Piezoelektrische Anregung von OFW für die Detektion kleinster Risse in Oberflächen [Fir1944].
- 1959: Erste Schichtdickenmessung durch Sauerbrey mittels QCM [Sau1959].
- 1964: Gassensor auf Basis eines QCMs [Kin1964].
- 1965: Erstmalige Herstellung und Verwendung von Interdigitaltransducern (IDTs) zur Erzeugung einer akustischen Welle auf der Oberfläche eines piezoelektrischen Substrates durch elektrische Signale [Whi1965].
- 1979: Erster Gassensor auf der Basis von akustischen Oberflächenwellen „Rayleigh-Typ" [Woh1979].
- 1987/1988: Erster erfolgreicher Einsatz in der Flüssigkeitssensorik [Flo1987; Shi1988].
- 1993: Immunosensor mit dem piezoelektrischen Substrat Lithiumtantalat [Rap1993]

- 1990 bis heute: Vielfältige Anwendungsgebiete für SAW Biosensoren (Detektion von Proteinen, DNA, und Bakterien) [Län2008]

Auf Grund der kommerziellen Verwendung elektro-akustischer Sensoren in der Telekommunikation (Anfang 1980) wurde der SAW Sensor zu einem preisgünstigen Massenprodukt. Die Beschichtung mit sensitiven Polymeren ermöglichte den Einsatz in der chemischen Gassensorik [Woh1979]. Erste Versuche die SAW-Technologie auch in der Flüssigkeitssensorik einzusetzen gestalteten sich auf Grund des Mediumwechsels von Luft auf Flüssigkeit sehr schwierig [Roe1983; Cal1987]. Arbeiten zur Anpassung des Designs der IDTs, der Suche nach dem geeigneten piezoelektrischen Substrat und des geeigneten akustischen Oberflächenwellentyps für den Betrieb in flüssigen Medien folgten. Ende 1980 gelang den Forschergruppen um Flory und Baer [Flo1987], sowie um Shiokawa und Moriizumi [Shi1988] der Durchbruch für die Anwendung in der Flüssigkeitssensorik. Der Einsatz von Sensoren, die auf transversalen Oberflächenwellen (engl. surface transverse wave, STW) statt Raleigh-Wellen (RW) (siehe Kapitel 1.3.1) basieren, löste die Probleme der Signaldämpfung durch die Flüssigkeit. Die Verwendung von Substraten mit höherer Dielektrizitätszahl, wie beispielsweise Lithiumtantalat oder –niobat (statt Quarz), sowie die hohe Einfügedämpfung durch die dielektrische Fehlanpassung erlaubten einen stabileren Betrieb der Bauteile in Flüssigkeit. Die momentane Forschungsarbeit auf dem Gebiet beschäftigt sich mit der Weiterentwicklung von zwei akustischen Sensortechnologien: QCMs und SAWs.

Erste Arbeiten mit beschichteten SAW Bauteilen für den Einsatz in der Biosensorik wurden Mitte bis Ende 1990 vorgestellt [Bar1995; Giz1997a; Giz1997b; Bar1999]. Die Entwicklung geeigneter intermediärer Schichten und Immobilisierungsstrategien ermöglicht des Weiteren die Sensitivität und Selektivität der SAW Biosensoren zu verbessern (siehe Kapitel 1.4). Der direkten Immobilisierung der Fängermoleküle auf der Oberfläche von kommerziell erhältlichen SAW Bauteilen zur Detektion von Glucoseoxidase [Rap1993] folgten die Arbeiten von Barié et al [Bar1998] und Länge et al [Län2003]. Diese zeigen die Entwicklung unterschiedlicher Immobilisierungsmethoden zur Ankopplung der Fängermoleküle an eine intermediäre Hydrogelschicht, die selbst kovalent an Polymere wie Polyimid bzw. Parylen C gebunden ist. Die Beschichtung des Sensors mit einem Hydrogel dient der Abschirmung unspezifischer Interaktionen und ist für die markierungsfreie Detektion unumgänglich. Weitere Modifikationen auf Metalloberflächen, wie z. B self assembly monolayer (SAM) auf Gold, wurden von Kwon und Roh genutzt [Kwo2004]. Bisherige Arbeiten haben den erfolgreichen Einsatz der kostengünstigen SAW-Technologie in der Biosensorik beispielhaft zeigen können (zusammengefasst in [Län2008a]).

Dennoch stehen akustische Sensoren bei der zeitaufgelösten und markierungsfreien Detektion von Bindungsereignissen weiterhin im Schatten der weit verbreiteten optischen Analysemethoden, besonders der SPR-Technologie. Dies kann unter anderem anhand der in den letzten Jahren kaum angestiegenen Publikationsrate beobachtet werden [Gro2007]. Unbestritten bietet das SAW Bauteil dennoch für die Biosensorik einige Vorteile. Ein kommerziell erhältlicher Ansatz, der jedoch eingestellt worden ist, stellte das Produkt S-sens® K5 der Firma Nanofilm (Deutschland) dar. Hierbei werden fünf Sensorelemente auf einem Sensorchip betreiben. Mit diesem System konnte unter anderem bis 5 nM Thrombin nachgewiesen werden [Jun2007].

1.3 Physikalische Grundlagen von Oberflächenwellensensoren

1.3.1 Oberflächenwellentypen

Akustische Oberflächenwellen (OFW; engl. surface acoustic wave / SAW) sind Schallwellen, die sich bevorzugt an der Oberfläche eines Festkörpers ausbreiten. Um sie zu erzeugen muss unter anderem die Oberfläche des festen Körpers kleinere Rückstellkräfte aufweisen als im Inneren. Durch diesen Umstand ist die Schallgeschwindigkeit der Welle an der Oberfläche kleiner als im Inneren und kann so nicht in das Substrat eindringen [Ric1985]. Das Substratmaterial und der Kristallschnitt bestimmen die Anregung unterschiedlicher Arten akustischer Wellen. So lassen sich Oberflächenwellen über die charakteristische Auslenkung der Welle wie folgt klassifizieren:

(1) Auslenkung senkrecht zur Oberfläche (z. B. Rayleigh-Welle, Lamb-Welle)
(2) Auslenkung parallel zur Oberfläche (z. B. horizontal polarisierte Scherwellen)

Die Auslenkung senkrecht zur Oberfläche, wie sie bei Rayleigh-Wellen (benannt nach Lord Rayleigh [Ray1894]) oder Lamb-Wellen (gehören zur Gruppe der akustischen Plattenmoden [Whi1988]) zu finden sind, eignen sich auf Grund ihrer starken Dämpfung in Flüssigkeiten nicht für die Biosensorik. Horizontal polarisierte Oberflächen-Scherwellen (engl. horizontally polarized surface shear wave / HPSSW) hingegen haben eine Auslenkung senkrecht zur

Ausbreitungsrichtung und parallel zur Substratoberfläche. Somit kommt es in Flüssigkeiten nur zu minimalen Energieverlusten. Je nach Ausbreitungsmedium wird dieser Wellen-Typus nochmals in folgende Untertypen unterteilt:

- Surface Skimming Bulk Wave / SSBW [Sta1999]
- Love Wave / LW [Lov1911]
- Surface Transverse Wave / STW [Flo1987]
- Shear Horizontal Acoustic Plate Mode / SH-APM [Bar1998; Rap2008]

Die im Rahmen dieser Arbeit verwendeten SAW Biosensoren beruhen auf horizontal polarisierten Oberflächen-Scherwellen [Län2003]. Auf Grund ihrer geringen Laufstrecken-dämpfung und einer hohen Empfindlichkeit gegenüber Oberflächendefekten sind sie für die Detektion von Veränderungen an der Sensoroberfläche besonders geeignet.

1.3.2 Erzeugung der akustischen Oberflächenwelle

Piezoelektrischer Effekt

Die einfachste Erzeugung von Oberflächenwellen gelingt unter der Verwendung piezoelektrischer Substrate. Die Einwirkung mechanischer Kräfte, wie Zug, Druck oder Torsion, auf den Flächen eines piezoelektrischen Kristalls führt zur Verschiebung der positiven und negativen Ladungsschwerpunkte und damit zur elektrostatischen Aufladung zweier gegenüberliegender Flächen des Kristalls. Piezokristalle werden in Kraft-, Druck- oder Beschleunigungssensoren, sowie zur Hochspannungserzeugung in Zündgeräten und zur Ultraschallerzeugung in der medizinischen Diagnostik eingesetzt.

Zur Einkopplung des elektrischen Wechselfeldes und somit zur Erzeugung akustischer Oberflächen werden Interdigitaltransduktoren (IDTs) benötigt [Whi1965]. Diese kammartig ineinander greifenden Elektrodenstrukturen werden meist mittels photolithographischer Prozesse auf die geschnittenen und polierten Einkristalle, wie z. B. Quarz, Zinkblende, Lithiumtantalat und –niobat, aufgebracht und bestehen aus Gold oder Aluminium in Dicken von 20 bis 200 nm. Es wird hierbei zwischen Sende- und Empfangs-IDT unterschieden. Durch die angelegte hochfrequente Wechselspannung wird der Sendetransduktor zur Schwingung angeregt und erzeugt eine Oberflächenwelle (OFW). Diese läuft über das Substrat und wird durch den Piezoeffekt vom Empfangs-IDT wieder in ein elektrisches Signal umgewandelt. Die Wellenlänge λ_0 der akustischen OFW wird dabei durch den Abstand der IDT-Finger nach folgender Gleichung berechnet:

$$f_0 = \frac{v_0}{2a} = \frac{v_0}{\lambda_0}, \text{ es gilt somit } \lambda_0 = 2a \tag{1.1}$$

f_0	Frequenz der akustischen Welle
v_0	Geschwindigkeit der akustischen Welle
λ_0	Wellenlänge der akustischen Welle
a	Abstand der IDT-Finger

Die akustische Oberflächenwelle und das elektrische Feld sind demnach über den Piezoeffekt gekoppelt. Diese Kopplung beeinflusst die Schallgeschwindigkeit der Welle. Die auf Grund des elektrischen Feldes entstehende „piezoelektrische Versteifung" der Oberfläche lässt die Geschwindigkeit der Welle ansteigen. Beschrieben wird die Stärke der Kopplung über den dimensionslosen piezoelektrischen Kopplungsfaktor K.

Substratmaterial und Kristallschnitt wirken sich auf den piezoelektrischen Kopplungsfaktor aus. Die im Rahmen dieser Arbeit verwendeten SAW Bauteile bestehen aus 36°YX-Lithiumtantalat ($LiTaO_3$), welches einen hohen Kopplungsfaktor (K^2 = 1,7 %) und eine 10-fach höhere Dielektizitätskonstante (ε_r = 47) gegenüber Quarz (ε_r = 4,7) aufweist [Sta1999; Roc2009].

1.3.3 Messprinzip

Das SAW Bauteil besteht aus dem piezoelektrischen Substrat $LiTaO_3$, auf dem kammartige IDTs aus Gold aufgebracht sind (Abb. 2-1). Der Sende-IDT wird durch eine hochfrequente Wechselspannung zum Schwingen angeregt. Die auf Grund des inversen piezoelektrischen Effektes entstehende akustische Welle läuft über das Substrat und wird vom Empfangs-IDT wieder in ein elektrisches Signal umgewandelt. Die IDTs werden mittels Ein- und Ausgängen eines Hochfrequenz-Verstärkers (HF-Verstärkers) zu einem Oszillatorschaltkreis verbunden. Der HF-Verstärker gewährleistet in dem so entstandenen Oszillatorschaltkreis die kontinuierliche Resonanz des Bauteils und gleicht die Verluste, die sich durch

Eigendämpfung des Sensors ergeben, aus. Veränderungen der Oberflächenbeschaffenheit auf Grund der Interaktion des Analyten mit der sensitiven Schicht verändern die Schallgeschwindigkeit der akustischen OFW und damit die Frequenz des Oszillatorschaltkreises. Diese Frequenzänderung wird als eigentlicher Messwert erfasst und lässt Rückschlüsse auf die Konzentration des Analyten zu (siehe auch Kapitel 1.3.2 und 2.4).

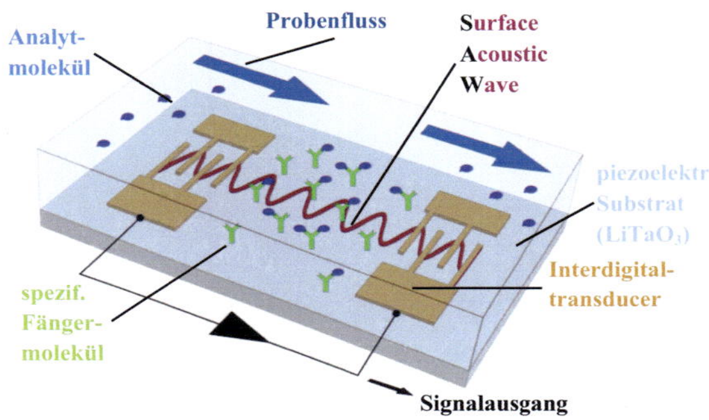

Abb. 1-2: Schematischer Aufbau des SAW Biosensors (sensitiver Bereich) (nach [Rapp2008]).

Für den Einsatz der SAW Bauteile ist nicht nur die Struktur sondern auch die Anordnung der IDTs von entscheidender Bedeutung.

Kennzeichnend für den Betrieb als Verzögerungsleitung (engl. Delayline) ist der Abstand zwischen Sende- und Empfangs-IDT (Abb. 1-2 A). Dieser muss mindestens der doppelten Breite eines IDTs entsprechen. Auf Grund der so entstandenen Laufstrecke kommt es zu einer akustischen Verzögerung des elektrischen Signals. Die selektive Analytbindung verändert die Laufstrecke und damit den Laufzeitunterschied des Ausgangs- im Vergleich zum Eingangssignal. Die geringe Fingeranzahl der IDTs verringert die frequenzselektierende Wirkung und führt zu einem breiten Übertragungsband im Transmissionsspektrum. Verschiedene Vorteile, wie z. B. die Möglichkeit Leitfähigkeitsänderungen über das Aufbringen einer Goldschicht zu minimieren, machen die Delayline zur meist verwendeten Konfiguration für die SAW Biosensorik [Sau1959; Jak1997]. Nachteilig ist die Notwendigkeit von sehr aufwendigen Auswerteelektroniken (z. B. Netzwerkanalysatoren).

Ein Resonator hingegen kann im Oszillatorschaltkreis betrieben werden. Die IDTs liegen bei dieser Konfiguration sehr dicht beieinander und sind zusätzlich von einer großen Zahl an Reflektorfingern eingeschlossen (Abb. 2-2 B). Diese Reflektorfinger bewirken durch eine

Vielfachreflexion eine stehende Welle und es ergibt sich eine scharfe Kennlinie im Transmissionsspektrum, die einen stabileren Sensorbetrieb bei geringem Grundrauschen gewährleistet [Roc2009]. Die fehlende freie Lauffläche lässt hier jedoch keine Abschirmung von Leitfähigkeits- und Dielektrizitätseinflüssen zu. Dies kann mittels geeigneter Beschichtung kompensiert werden (siehe Kapitel 1.3.4). Nur wenige Gruppen arbeiten mit SAW Resonatoren [Dic1999; Län2003].

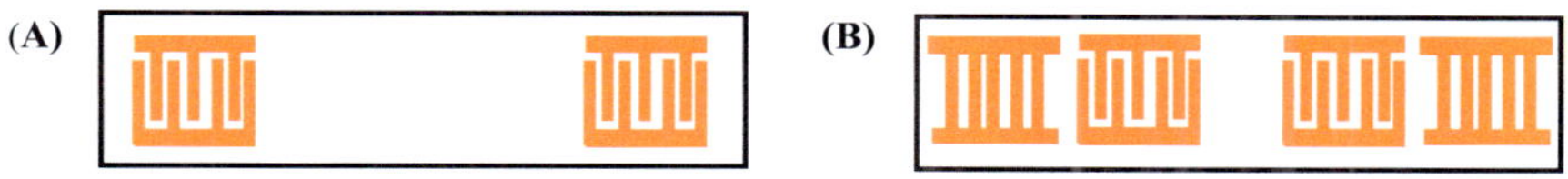

Abb. 1-3: Schematische Anordnung der IDT-Strukturen bei einer Verzögerungsleitung/ Delayline (A) und einem Resonator (B).

1.3.4 Einflussgrößen auf die akustische Oberflächenwelle

Die Ausbreitungsgeschwindigkeit der akustischen Oberflächenwelle hängt von zahlreichen Substrat- und Schichtparametern ab. Physikalische Veränderungen an der wellenführenden Oberfläche, wie Massezunahme, Leitfähigkeit und Viskosität, führen zu Änderungen der Schallgeschwindigkeit und damit zu Frequenzverschiebungen, die mittels einer Oszillatorschaltung detektiert werden können. Der Zusammenhang zwischen Schallgeschwindigkeits- und Frequenzänderung wird in Gleichung 1.2 beschrieben [Ric1985]. Über die Verschiebung der Resonanzfrequenz können somit Änderungen von Massebelegung, Leitfähigkeit oder Viskosität gemessen werden.

$$\frac{\Delta v}{v_0} \approx \frac{\Delta f}{f_0} \tag{1.2}$$

Δv Änderung der Schallgeschwindigkeit

v_o Schallgeschwindigkeit des ungedämpften Bauteils

Δf Änderung der Resonanzfrequenz

f_0 Resonanzfrequenz des ungedämpften Bauteils

Einfluss der Masse und der Viskoelastizität der Oberfläche

Für den Betrieb als Biosensor wird das Bauteil mit einer selektiven Schicht belegt (siehe Kapitel 1.4). Auf Grund der spezifischen Wechselwirkung mit dem Analyten wird die an der Oberfläche gebundene Masse nochmals erhöht. Die Frequenzänderung durch Beschichtung sowie durch Analytbindung kann über Gleichung 1.3 beschrieben werden [Aul1973]:

$$\Delta f = f_0^2 h\left[\frac{4k_2}{v_r^2}\Delta G - (k_1 + k_2)\Delta\rho\right], \text{ mit } G = \frac{\mu(\lambda + \mu)}{\lambda + 2\mu} \quad (1.3)$$

h	Höhe der aufgebrachten Schicht
v^2_r	OFW-Geschwindigkeit des unbeladenen Bauteils
k_1, k_2	Materialkonstanten des Piezokristalls
λ, μ	Lamékonstanten der Beschichtung
$\Delta\rho$	Änderung der Beladungsdichte
ΔG	Änderung der elastischen Eigenschaften der Schicht

Neben der Massenanlagerung in Form der veränderten Beladungsdichte ($\Delta\rho$) wird ebenfalls eine Änderung der elastischen Oberflächenbeschaffenheiten (ΔG) wahrgenommen. Diese zwei Effekte wirken z. T. entgegengesetzt. Das Sinken oder Steigen der Resonanzfrequenz hängt davon ab, welcher der beiden Terme dominiert. Die Sensitivität des Bauteils auf Massebeladung hängt von der Grundfrequenz f_0 ab, die in die Gleichung 1.3 als quadratischer Term eingeht. Je höher die Grundfrequenz desto höher ist die Empfindlichkeit des Sensors. Somit haben SAW Sensoren durch ihre hohe Basisfrequenz von mehreren hundert MHz einen entscheidenden Vorteil gegenüber anderen gravimetrischen Sensoren (z. B. QCMs) und eignen sich hervorragend für biochemische Analysen.

Einfluss der Eindringtiefe der akustischen Oberflächenwelle und Schichtdicke des Hydrogels

Die nach Gleichung 1.4 [Hal2000; Hal200b] errechnete Eindringtiefe für beschichtete SAW Biosensoren liegt bei etwa 27 nm [Län2009b]. Die als Immobilisierungsmatrices verwendeten intermediären Hydrogele (siehe Kapitel 1.4.2) besitzen auf Grund ihrer unterschiedlichen Kettenlängen und des Ankopplungsprotokolls unterschiedliche Schichtdicken. Über die

Immobilisierung der spezifischen Bindungspartner folgt eine weitere Erhöhung der Schicht. Liegt die anschließende Bindung des Analyten an der Sensoroberfläche außerhalb der Eindringtiefe, so kann diese Interaktion nicht mehr als Messsignal wahr genommen werden.

$$\delta = \sqrt{\frac{2\eta}{\omega \rho_f}} \text{ mit } \omega = 2\pi f \tag{1.4}$$

η	Viskosität
ρ_f	Dichte der Flüssigkeit
f	Frequenz
ω	Kreis

Auf diese Weise beeinflusst die Wahl des Hydrogels die Sensitivität des SAW Biosensors. Für das zweidimensionale Hydrogel Polyethylenglykol (PEG) wird beispielsweise je nach Molmasse eine Kettenlänge von 20 nm für M_r 2000 bzw. 30 nm für M_r 3.000 angegeben [Mut2004]. Die Schichtdicke wird hierbei jedoch ebenso durch die Struktur der im Idealfall aufgebrachten Monolage bestimmt.

Einfluss der Dielektrizität, Leitfähigkeit und Viskosität der Oberfläche

Das elektrische Feld, das zur Anregung einer akustischen Oberflächenwelle auf einem piezoelektrischen Substrat benötigt wird, ist abhängig von der Dielektrizität und Leitfähigkeit der Oberfläche und der die Oberfläche benetzenden Flüssigkeit (Probe) [Ric1985; Wes1996]. Die Viskosität der Probenflüssigkeit über dem Sensor beeinflusst ebenfalls die Schallgeschwindigkeit der akustischen OFW [Kon1993; Wes1996].

Die Arbeiten von B. E. Rapp haben erstmalig gezeigt, dass der Einfluss der Leitfähigkeit bei SAW Resonatoren abgeschirmt werden kann [Rap2008]. Hierzu wurde eine Goldschicht auf einen im Lovemode betriebenen SAW Sensorchip (in Polycarbonat-Gehäuse verpackte SAW Sensor) aufgebracht. Der zu beobachtende Signalhub beruht auf Veränderungen der Viskosität und Dichte der verwendeten Flüssigkeiten (hier beispielhaft gezeigt mit Kaliumchloridlösungen in unterschiedlichen Konzentrationen). Die beschriebene Methode ermöglicht es, Einflüsse der Leitfähigkeit und Einflüsse der Viskosität zu unterscheiden.

Weitere Einflussgrößen

Des Weiteren können Einflussgrößen wie z. B. Temperatur und Druck die Schallgeschwindigkeit der OFW beeinflussen. In der hier vorliegenden Arbeit konnten diese Parameter weitgehend konstant gehalten werden, weshalb deren Einfluss vernachlässigbar ist und aus diesem Grund hier nicht näher beschrieben wird.

1.4 Oberflächenmodifikationen von Sensorbauteilen

Die Verwendung von Sensorbauteilen für die Biosensorik erfordert eine Modifikation der Oberfläche mit einer biosensitiven Erkennungsschicht, um die entsprechenden Analyt-Moleküle in der Probe selektiv nachweisen zu können. Zur Ankopplung der Liganden bzw. Fängermoleküle (z. B. Antikörper) muss die Detektoroberfläche vorab mit funktionellen Gruppen versehen werden. Bei Metalloberflächen eignen sich Thiolformende self assembly monolayer (SAM) als adhäsive Verbindungsschicht für die weiteren Kopplungsschritte. Polymeroberflächen hingegen können mittels Plasmabehandlung und anschließender Silanisierung für die weiteren Modifikationsschritte vorbereitet werden [Ged2008].

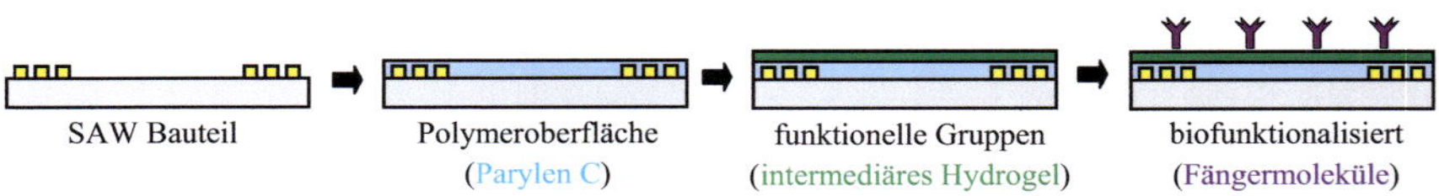

Abb. 1-4: Schematische Darstellung der schrittweisen Oberflächenfunktionalisierung des SAW Bauteils.

Auf Grund der heterogenen Oberfläche der SAW Bauteile, bestehend aus Gold und Lithiumtantalat, wird vorab eine homogene Polymerbeschichtung aus Parylen C aufgebracht. Daraufhin kann nach Plasmaaktivierung und Silanisierung die Oberfläche mit einem intermediären Hydrogel funktionalisiert werden. Die Ankopplung eines Hydrogels, meist Dextran [Löf1990; Coo2003] oder Polyethylenglykol [Pie2000], ist zur Abschirmung unspezifischer Bindungen von Hintergrundproteinen in komplexen Medien, besonders bei markierungsfrei arbeitenden Biosensoren unumgänglich.

Des Weiteren dienen die funktionellen Gruppen der Hydrogele der Immobilisierung der biologischen Erkennungseinheit, also der spezifischen Fängermoleküle. Dieser letzte Modifikationsschritt macht ein Sensorbauteil erst zu einem einsatzfähigen Biosensor. Die einzelnen Modifikationsschritte, wie sie für SAW Bauteile im Rahmen der vorliegenden Arbeit eingesetzt worden sind, sind in Abb. 1-4 schematisch dargestellt und werden in den folgenden Kapiteln näher beschrieben.

1.4.1 Polymerbeschichtung mit Parylen C

Die Oberfläche des hier verwendeten SAW Bauteils besteht aus dem piezoelektrischen Substrat $LiTaO_3$ und im Bereich der IDTs aus Gold. Dies würde für die weitere Funktionalisierung nur die Optimierung auf einem der beiden Materialien zulassen. Aus diesem Grund wird die Oberfläche mit einer 0,1 µm dicken Polymerschicht homogenisiert.

Parylen ist eine Gesamtbezeichnung für thermoplastische Polymere mit über Ethylenbrücken verknüpften Phenylenresten [Roe1995]. Das im Rahmen dieser Arbeit verwendete Polymer Parylen C (Poly-(2-chlor-p-xylylen)) ist eine Variante des Grundpolymers Parylen N (poly(p-xylylen)). Die Verwendung von Parylen C zur Beschichtung von SAW Bauteilen beruht auf einer Reihe von vorteilhaften Eigenschaften.

Hierzu gehören:

- Eine geringe Dielektrizitätskonstante ($\varepsilon_r \approx 3$).
- Eine hohe Sperrwirkung gegen Wasserdampf, Hydrophobie und die geringe Oberflächenspannung.
- Die Ausbildung von geschlossenen Schichten ab einer Dicke von 35 nm [Sta1999].
- Es ist in keinem bekannten Lösungsmittel bei Raumtemperatur lösbar [Mil1990; SCS2006].
- Eine mechanische Stabilität bis 120°C.
- Eine ausgezeichnete Biokompatibilität [Mon2006].

Auf Grund der einfachen Beschichtungstechnik sind die Anwendungsbereiche für Parylen sehr vielfältig. Sie reichen vom Einsatz zur Passivierung von Elektronikkomponenten über die Verwendung zur Beschichtung in der Gassensorik [Rap2000] bis hin zum Einsatz in der Medizintechnik [Cha2007] und Biosensorik [Län2007].

1.4.2 Immobilisierungsmatrix

Die Detektion und Charakterisierung biomolekularer Interaktionen mittels markierungsfrei arbeitender Biosensoren erfordert die Verwendung einer Immobilisierungsmatrix. Diese muss sowohl eine Abschirmung unspezifischer Bindungen der in der Probe vorkommender Proteine mit der Sensoroberfläche als auch eine kontrollierte Immobilisierung der spezifischen Analyt-Bindungspartner erlauben.

Für diese Arbeit wurden Hydrogele, speziell Dextrane und Polyethylenglykole, mit unterschiedlichen funktionellen Gruppen und Molmassen als Immobilisierungsmatrix verwendet. Unter Hydrogelen versteht man Wasser enthaltende Gele, basierend auf hydrophilen Polymeren, die als dreidimensionales Netzwerk vorliegen. In Wasser quellen diese bis zu einem Gleichgewichtsvolumen auf. Funktionelle Gruppen der Polymere, wie Hydroxy-, Carboxy, oder Amino-Gruppen sind für die notwendige Hydrophilie verantwortlich [Roe1995; And1982].

Die verwendeten Hydrogele Dextran und Polyethylenglykol besitzen folgende Vorteile:

- Die hydrophilen Hydrogelschichten, besonders basierend auf PEG, verhindern bzw. vermindern unspezifische Adsorption [Pie2000; Kin2003].

- Die unterschiedliche Funktionalisierung der Hydrogele mit Carboxy-, Amino- oder Biotin-Gruppen ermöglicht mittels etablierter Immobilisierungsmethoden eine einfache, schnelle und reproduzierbare Ankopplung der Fängermoleküle unter milden Bedingungen, die ebenfalls unter Durchflussbedingungen („online“) durchgeführt werden kann.

- Mit Dextran (dreidimensionales Hydrogel) und PEG (zweidimensionales Hydrogel) können zwei unterschiedliche Immobilisierungskapazitäten verglichen werden. Im Allgemeinen ist die Kapazität von Dextran im Vergleich zu Beschichtungen mit Monolagen (wie bei PEG) auf Grund der Ausbildung eines dreidimensionalen Hydrogels deutlich erhöht [Löf1990; Löf1993].

Dextrane

Dextrane sind hydrophile Exopolysaccharide, die enzymatisch von Bakterien wie *Leuconostoc mesenteroides* und *Leuconostoc dexantranicum* aus Saccharose gebildet werden. Sie bestehen aus langen Ketten linear polymerisierter Glucose mit α-1,6-glykosidischer Bindung. Der vielseitige Einsatz von Dextranen reicht von medizinischen Anwendungsbereichen (Blutersatzmittel), über Dickungsmittel in der Nahrungsmittelindustrie bis hin zur Verwendung in Klebstoffen oder Kosmetika. Funktionalisierte Dextrane werden als Trägersubstanzen für Pharmaka, Ionenaustauscher und Molekularsiebe, in der Affinitätschromatographie, zur Immobilisierung von Enzymen [Van2000] und zur Beschichtung in der Biosensorik [Yon1993; Bar2001] verwendet.

Polyethylenglykole

Polyethylenglykol (PEG) ist ein je nach Kettenlänge flüssiges oder festes, chemisch inertes, wasserlösliches und nicht-toxisches Polymer mit der allgemeinen Summenformel $C_{2n}H_{4n+2}O_{n+1}$. Die Grundeinheit einer linear gebauten PEG-Kette besteht aus Einheiten mit einer relativen Molmasse von 44, weshalb alle vorkommenden PEG-Derivate das Vielfache dieser Molekülmasse plus der Molekülmasse von Wasser aufweisen. Chemisch handelt es sich um ein Polyether des zweiwertigen Alkohols Ethandiol. Einsatz findet es in der Medizin, als Wirkstoffträger in der Pharmazie, in industriellen Anwendungen, in der zellbiologischen Forschung und der Sensorbeschichtung [Lin2009; Gre2003; Iwa2005; Mut2004].

1.4.3 Kopplung der Immobilisierungsmatrix an die Sensoroberfläche

Die Ankopplung der Hydrogele an Parylen C wird im Allgemeinen nach folgendem Schema durchgeführt:

(1) Aktivierung der Oberfläche im Plasma

Die Parylen C-Schicht wird im Niederdruckplasma gereinigt und aktiviert. Dadurch bilden sich an der Oberfläche Radikale, die mit Sauerstoff reagieren können und so aktive Hydroxy- und Carboxygruppen auf der oxidierten Oberfläche entstehen lassen [Län2007; Ged2008]. Vorteile dieses Verfahrens sind unter anderem der geringe technische bzw. chemische Aufwand und die niedrigen Erhaltungskosten [Sta1999].

(2) Silanisierung der plasmaaktivierten Oberfläche

Eine gängige Methode zur Schaffung freier Epoxygruppen auf Polymeroberflächen, an welche die Ankopplung des Hydrogels über die Reaktion mit Amino- und Carboxygruppen stattfinden kann, ist die Silanisierung [Pie2000]. Bekannt sind Silane vor allem als Haftvermittler zur Vorbehandlung von Glasfasern und bei Farbanstrichen an glatten Oberflächen. Im Rahmen dieser Arbeit wird die plasmaaktivierte Oberfläche der SAW Sensoren mit Glycidyloxy-propyltrimethoxysilan (GOPTS) behandelt [Län2007].

(3) Ankopplung des Hydrogels

Die kovalente Bindung der Hydrogele erfolgt an den freien Epoxygruppen der silanisierten Oberfläche [Pie2000]. Diese reagieren bevorzugt mit den primären Aminogruppen des Aminodextrans (AMD) oder den Carboxygruppen des Dicarboxy (DC)-PEGs (Abb. 1-4). Die bei dieser Reaktion nicht umgesetzten funktionellen Gruppen der Hydrogele werden für die anschließende Immobilisierung der Fängermoleküle genutzt. Der Einsatz wässriger Lösungen ermöglicht das Abbinden nicht umgesetzter Epoxygruppen.

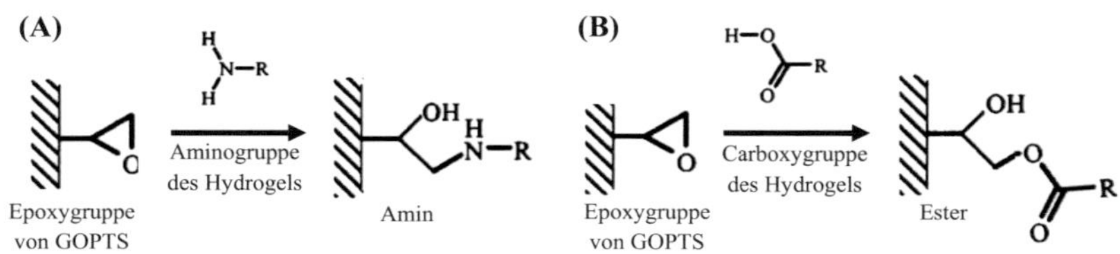

Abb. 1-5: Reaktion verschiedener funktioneller Gruppen. Reaktion mit primärer Aminogruppe (A), Reaktion mit Carboxygruppe (B) (nach [Pie2000]).

1.4.4 Immobilisierung der Analyt-Bindungspartner oder Linker

Zur Immobilisierung der Analyt-Bindungspartner oder Linker auf dem Sensor unterscheidet man folgende physikalische und chemische Methoden [God2007; Jia2008; Sas2008; Won2009]:

(1) *Physikalische Adsorption* basiert auf relativ schwachen Bindungskräften (z. B. van-der-Waals-Kraft oder Elektrostatik). Diese Methode bietet den Vorteil einer schnellen und

einfachen Anbindung an der Oberfläche, die allerdings ungerichtet ist und auf schwachen Bindungen beruht.

(2) *Kovalente Kopplung* ermöglicht eine stabile Anbindung der Fängermoleküle über die funktionellen Gruppen des Moleküls und der Oberfläche. Allerdings kann diese Methode die Aktivität der Analyt-Fängermolekül-Bindung verringern und ist meist gering reproduzierbar. Diese kann über die Einführung von Linkern, die die Fängermoleküle gerichtet binden können, variiert werden, so dass es zur Etablierung gemischter Immobilisierungsstrategien kommt.

(3) *Self assembly monolayer (SAM)*: bilden aus substituierten Thiolgruppen eine adhäsive Verbindungsschicht zur weiteren Ankopplung auf Metalloberflächen (z. B. Gold).

Im Rahmen dieser Arbeit wurden die beiden erstgenannten Methoden verwendet. Die physikalische Adsorption auf Parylen C diente hierbei Vorversuchen oder dem Test der Analyt-Fängermolekül-Bindung. Um unspezifische Bindungen zu vermeiden wurden die Oberflächen mit Rinderserumalbumin (engl. bovine serum albumin, BSA) blockiert (siehe Kapitel 3).

Die Immobilisierung von Bindungspartnern des Analyten oder Linkern an carboxyfunktionalisierten Oberflächen ist besonders für carboxymethyliertes Dextran an optischen Biosensoren untersucht worden [Joh1991; Yon1993]. Diese Standardprozedur wurde für den SAW Sensor übernommen und ist in vorangegangenen Arbeiten von N. Barié und K. Länge an die jeweiligen Messaufbauten angepasst worden [Bar1998; Län2003].
Bei der kovalenten Kopplung mittels Carbodiimid-Chemie wird die Ausbildung von Amidbindungen zwischen Carbonsäuren und Aminen ermöglicht [Kho1953; Det1966]. Für carboxyfunktionalisierte Oberflächen sind in Abb. 1-6 die drei am häufigsten verwendeten Methoden zur kovalenten Anbindung beliebiger Biomoleküle dargestellt [Tom2000; Coo2003]. Hierzu wird in allen drei Fällen eine carboxyfunktionalisierte Oberfläche mittels N-Hydroxysuccinimid (NHS) und N-Ethyl-N′-(3-dimethylaminopropyl) carbodiimid (EDC) aktiviert. Die dabei entstehenden NHS-Ester werden daraufhin mit den primären Aminogruppen des Biomoleküls direkt umgesetzt. Bei dem Biomolekül kann es sich um das Fängermolekül selbst handeln (Abb. 1-6, oben) oder um einen Linker, wie beispielsweise Streptavidin, das die Bindung eines biotinylierten Fängermoleküls ermöglicht (Abb. 1-6, Mitte). Eine nach der NHS-Ester-Aktivierung stattfindende Reaktion mit Hydrazin ermöglicht die Anbindung von Biomolekülen mit anderen funktionellen Gruppen, wie Aldehydgruppen, über die erzeugten Hydrazidgruppen. Diese dritte Methode wird z. B. bei der Ankopplung von Antikörpern verwendet, deren Kohlenwasserstoffkette oxidiert wurde (Abb. 1-6, unten). Noch

freie NHS-Ester werden mittels Ethanolamin deaktiviert, um unspezifische Interaktionen mit den Aminogruppen des Analyten und der Sensoroberfläche zu vermeiden.

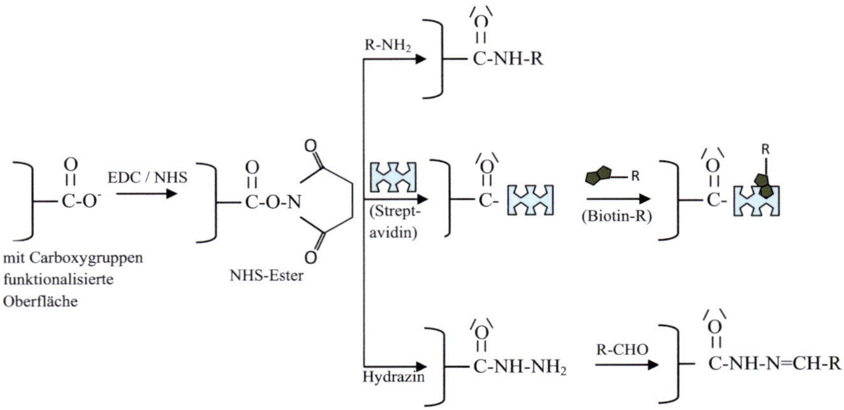

Abb. 1-6: Schematische Darstellung von drei Immobilisierungsmethoden für die Ankopplung von Biomolekülen an carboxyfunktionalisierte Oberflächen (nach [Coo2003]).

Alternativ zu der direkten Ankopplung der Fängermoleküle an das Hydrogel, können diese mittels Zwischenschalten geeigneter Linker indirekt an die Sensoroberfläche gebunden werden. Die Verwendung eines Linkers zur Ankopplung des Fängermoleküls an die Oberfläche hat gegenüber einer direkten Immobilisierung einige Vorteile:

- Keine chemische Veränderung des Liganden auf Grund der eingesetzten Immobilisierungschemikalien.
- Einfache und schnelle Anbindung unterschiedlichster Liganden bei geeigneter Auswahl des Linker-Liganden-Systems.
- Gerichtete Ankopplung des Liganden an die Sensoroberfläche und damit mehr zugängliche Bindungsstellen für den Analyten [Dub1995].

Die Linker-Fängermolekül-Bindung sollte möglichst stark affin sein, um Fängermolekülverluste auf Grund von Dissoziation zu vermeiden und sie darf die anschließende Analyse nicht beeinträchtigen. Die folgenden Linker-Fängermolekül-Paarungen erfüllen die genannten Anforderungen:

(1) *Protein A oder Protein G mit Immunglobulinen (Ig)*

Protein A (M_r 40.000-60.000) und Protein G (M_r 58.000-65.000) stammen ursprünglich aus der Zellwand von Bakterien der Gattung *Staphylococcus* bzw. *Streptococcus*. Sie werden in der biochemischen Forschung häufig genutzt wegen ihrer Fähigkeit, Immunglobuline (Ig) am Fc-Teil (Abb. 1-7 a) zu binden [Mur1987; Dub1995]. Die Fc-Rezeptoren besitzen zum Teil unterschiedliche Affinitäten zu den IgG-Subklassen. Die Bindungsstärke von Protein G für die humanen Subklassen IgG_1, IgG_2 und IgG_4 sowie die murinen Subklassen IgG_{2a} und IgG_{2b} ist vergleichbar mit der von Protein A, im Gegensatz zu diesem bindet Protein G jedoch auch an IgG_3.

(2) *Avidin mit Biotin*

Das aus dem Hühnereiweiß stammende Avidin besitzt vier Bindungsstellen für Biotin. Auf Grund seines hohen Carbohydratanteils werden meist genetisch veränderte Varianten wie Streptavidin oder Neutravidin eingesetzt. Diese werden im Rahmen der vorliegenden Arbeit verwendet. Sie dienen als Fängermolekül und als Linker (siehe Kapitel 1.5.2 und 1.6.2). Neutravidin findet auf Grund des Fehlens der Aminosäureseuqenz RYD (im Gegensatz zu Streptavidin) als Linker beim Beschichtungsaufbau für den Nachweis des Brustkrebsmarkers HER-2 seinen Einsatz (siehe Kapitel 3.2.2.2).

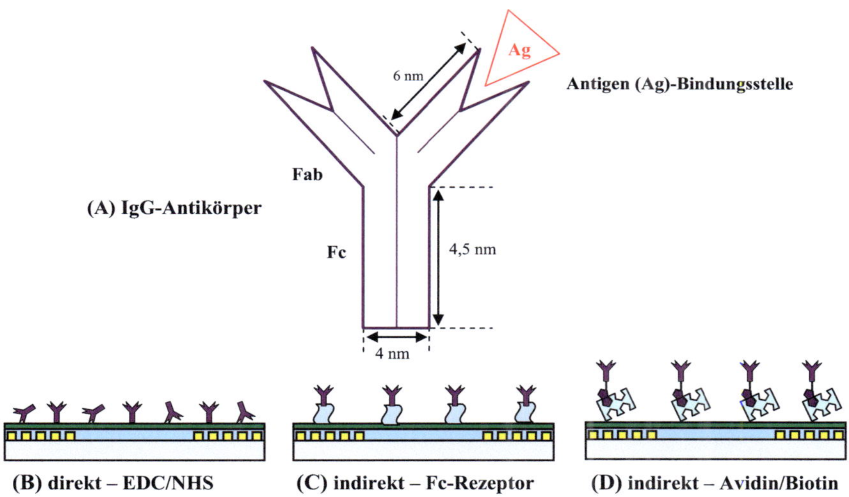

Abb. 1-7: Schematischer Vergleich der direkten und indirekten Ankopplung von IgG-Antikörpern auf der SAW Sensoroberfläche. Vereinfachte schematische Darstellung eines IgG-Antikörpers (A) (nach [Ben1988]). Direkte Immobilisierung des IgG mittels EDC/NHS-Aktivierung auf carboxyfunktionalisierter Oberfläche (B). Indirekte Anbindung des IgG über Protein A / G (Fc-Rezeptor) (C) bzw. Avidin/Biotin-System (D) (nach [Dub1995]).

In Abb. 1-7 ist die Y-Struktur eines Immunglobulin G (IgG)-Antikörpers dargestellt (A) sowie der schematische Vergleich der direkten (B) und indirekten Ankopplung von Antikörpern auf der Sensoroberfläche über Fc-Rezeptoren (C) bzw. über das Avidin/Biotin-System (D). Mit einer direkten Kopplung der Fängermoleküle (z. B. Antikörper) über EDC/NHS-Aktivierung an eine carboxyfunktionalisierte Oberfläche, besteht die Gefahr, dass die über den gesamten Antikörper verteilten und auch an den Antigenbindungsstellen des IgGs vorkommenden Aminogruppen zur Bindung benutzt werden. Somit würden nicht ausreichend Antigenbindungsstellen für die Analyse zur Verfügung stehen. Die Verwendung von Linkern ermöglicht eine gerichtete Ankopplung der Antikörper über die Fc-Region.

1.5 Nachweis niedermolekularer Analyten

1.5.1 Definition und Motivation

Unter niedermolekularen Substanzen versteht man chemische Verbindungen mit einer Molmasse von unter 1000 g/mol, die nicht zu den Proteinen oder Nukleinsäuren gezählt werden. Zu dieser Gruppe gehören Hormone, Toxine, Vitamine und Pharmaka, wie z. B. das Antibiotikum Penicillin [Kay2002]. Zur Bestimmung niedermolekularer Analyten werden neben traditionellen Methoden wie Spektrometrie und ELISA vor allem die elektrochemischen Enzymsensoren und optische Biosensoren eingesetzt [Bal2004; Fu2007; Jia2008]. In vielen Fällen ist jedoch auf Grund der geringen molekularen Masse kein direkter Nachweis des Analyten möglich. Dieser muss markiert werden oder über ein indirektes Verfahren nachgewiesen werden. Der kompetitive Assay und der Inhibierungsassay gehören zur letztgenannten Methode. Die Analytkonzentration wird beim kompetitiven Assay über die Konkurrenzbindung eines markierten Bindungspartners ermittelt. Beim Inhibierungsassay hingegen wird keine zusätzliche Markierung benötigt. Er beruht auf der Vorinkubation des Analyten mit dem Bindungspartner, der durch die Interaktion inhibiert wird und nicht mehr in der Lage ist an die auf der Sensoroberfläche befindlichen Liganden zu binden. Je geringer das anschließend gemessene Signal, beruhend auf der Interaktion der noch freien Bindungspartner mit den auf der Oberfläche gebundenen Liganden ausfällt, desto höher ist die Analytkonzentration.

Die Herausforderung für den Nachweis mit massesensitiven Biosensoren, wie mit dem SAW Biosensor, ist es mit der geeigneten Oberflächenmodifikation und signalverstärkenden akustischen Resonanzeffekten niedermolekulare Analyten direkt und markierungsfrei nachweisen zu können. Anhand eines Modellanalyten und einer praxisnahen Anwendung soll das vorhandene SAW Biosensor-Design für diesen Zweck untersucht werden.

1.5.2 Modellanalyt: d-Biotin

Das Avidin/Biotin-System ist eines der bekanntesten und bestuntersuchten Affinitätssysteme. Es gilt als attraktives Modell zur Untersuchung biomolekularer Erkennung bei Protein-Ligand-Interaktionen. Mit einer Dissoziationskonstante von $K_d \approx 10^{-14}$-10^{-16} M gehört diese Bindung zu den stärksten nicht-kovalenten Bindungen und ist unter nicht-denaturierenden Bedingungen nahezu irreversibel [Gon1997; Wil2006; Lat2006]. Das aus dem Hühnereiweiß stammende Avidin ist ein Glykoprotein aus vier identischen Untereinheiten, die jeweils ein Biotinmolekül binden können (Abb. 1-8 B). Es besitzt eine Molmasse von insgesamt ca. 68.000 g/mol. Streptavidin ist ein weiteres Biotin-bindendes Protein, das aus dem Bakterium *Streptomyces avidinii* isoliert wird und eine Molmasse von etwa 55.000 g/mol besitzt. Avidin und Streptavidin ähneln sich in ihrer Aktivität, Biotinmoleküle zu binden, unterscheiden sich aber in der strukturellen Zusammensetzung. So besitzt Streptavidin keine Carbohydratgruppen und hat eine geringere Löslichkeit in Wasser [Lai2006].

Biotin, auch als Vitamin H bekannt, gehört mit einer Molmasse von 244,3 g/mol zu den niedermolekularen Verbindungen (Abb. 1-8 A). Es kommt in geringen Mengen in Zellen vor. In der Forschung und der klinischen Diagnostik wird das Avidin/Biotin-System seit Mitte 1980 eingesetzt. Es dient dabei als Bindungsmatrix für die diagnostische Analyse von Körperflüssigkeiten und der Signalverstärkung bei Gewebe- und Zelluntersuchungen [Sch1999].

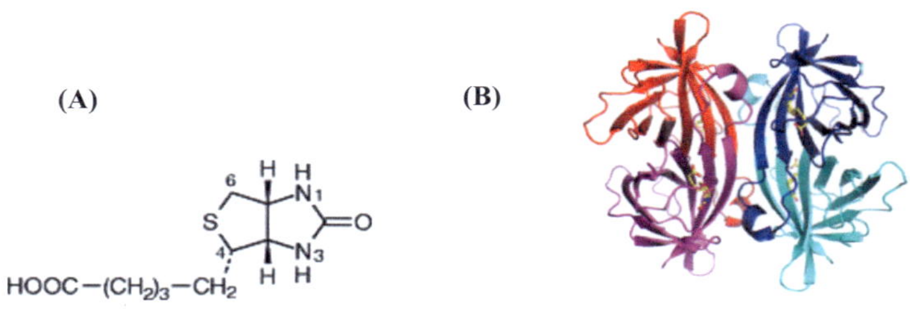

Abb. 1-8: Strukturformel von Biotin (A) und Kristallstruktur des Tetramers Avidin (B) (B aus [Wil2006]).

Der Nachweis von Biotin mittels des SAW Biosensors ermöglicht sowohl die Beobachtung von Antigen-Antikörper-Bindungen als auch von Avidin-Biotin-Interaktionen. Im Rahmen dieser Arbeit wird Biotin sowohl mit dem zu Avidin analogen Streptavdin als auch mit einem spezifischen monoklonalen Antikörper als Fängermolekül nachgewiesen. So ermöglicht der Nachweis dieses Modellanalyten einen direkten Vergleich der Beschichtungsparameter und es kann eine geeignete Oberflächenfunktionalisierung zum Nachweis eines niedermolekularen Analyten exemplarisch ermittelt werden.

1.5.3 Praxisnahe Anwendung: Nachweis von Penicillin

Heutzutage werden zur Bekämpfung bakterieller Infekte in der Tier- und Humanmedizin neben Tetracylclinen, auch ß-Laktam-Antibiotika, zu denen Penicillin gehört, verwendet. Die Entdeckung der antibakteriellen Wirkung eines Naturstoffes durch Alexander Fleming 1928/29 geschah rein zufällig. Auf einer mit dem Bakterium *Staphylococcus aureus* bewachsenen Agarplatte gelangte über kontaminierte Nährlösung der Schimmelpilz *Penicillium notatum* und inhibierte das Bakterienwachstum. Die hierfür verantwortliche Substanz benannte Fleming nach der Gattung des Pilzes „Penicillin" [Fle1929].

Der Einsatz von Penicillin in der Veterinärmedizin zur Behandlung landwirtschaftlicher Nutztiere stellt jedoch auf Grund der verbleibenden Arzneimittelrückstände ein großes Risiko für den Konsumenten der gewonnen Tierprodukte, wie Milch und Fleisch, dar. Das Verzehren der mit Antibiotikarückständen belasteten Lebensmittel kann zu Allergien und Resistenzentwicklungen humanpathogener Erreger führen [Dew1991]. Zum Schutz der Verbraucher hat die Europäische Wirtschaftsgemeinschaft (EWG) per Verordnung 2377/90 Rückstandshöchtswerte (engl. maximal residue limits, MRL) für pharmakologische Substanzen in essbaren tierischen Produkten festgelegt [Cac2005]. Dieser Höchstwert darf nicht überschritten werden. Für Penicillin liegt er bei 4 ng/ml.

In der Humanmedizin unterscheidet man neben den oral verabreichten Penicillinen noch Depot-Penicilline. Letztgenannte werden unter anderem zur Rezidivprophylaxe des rheumatischen Fiebers eingesetzt und dürfen nur intramuskülär verabreicht werden. Es sind Salze des Penicillins mit weiteren organischen Verbindungen. So setzen die nichtmetallischen Kationen Procain und Benzathin die Löslichkeit des Penicillins stark herab und verzögern auf diese Weise die Resorption aus dem Muskelgewebe. Ein über einen längeren Zeitraum (12

Stunden bis 28 Tage) anhaltender, aber niedriger, Penicillinspiegel kann somit im Serum aufrechterhalten werden [Sta2005; Fic2005]. Die Überwachung des Antibiotikaspiegels über Konzentrationsmessungen im Serum ermöglicht eine genaue Dosierung des Medikamentes und sollte in regelmäßigen Abständen erfolgen.

1.5.3.1 Struktur und Wirkungsweise der Penicilline

Zur Gruppe der ß-Laktam-Antibiotika gehören die in der Veterinärmedizin eingesetzten Penicilline und Cephalosporine, sowie die hauptsächlich in der Humanmedizin eingesetzten Carbapeneme und Monobactame [Goo1990]. Penicilline werden biosynthetisch von *Penicillium notatum / chrysogenum* gewonnen.

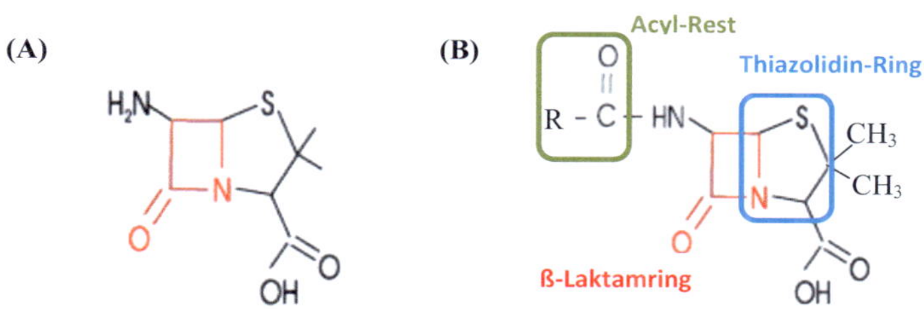

Abb. 1-9: Strukturformel der 6-Aminopenicillansäure (6-APA) (A) und des Penicillin-Grundgerüsts (B) (nach [Hou1971]).

Das gemeinsame Grundgerüst aller Penicilline ist die 6-Aminopenicillansäure (6-APA), ein bicyclisches Dipeptid aus Cystein und Valin. Formal kann 6-APA in ein ß-Laktam- und ein Thiazolidinringsystem (Abb. 1-9) unterteilt werden [Ott1975]. Die verschiedenen natürlich vorkommenden und semisynthetischen Penicilline unterscheiden sich vor allem in der Seitenkette, die aus der Kondensation zwischen einer Carboxyfunktion und der Aminogruppe der 6-APA resultiert [Hou1971].

In Abb. 1-10 sind die Strukturformeln von Penicillin G (Benzylpenicillin) und den beiden Depot-Penicillinen dargestellt. Procain-Penicillin G setzt sich aus einem Teil Penicillin G und einem Teil Procain zusammen [Bru1999]. Benzathin-Penicillin G hingegen besteht aus zwei

Teilen Penicillin G und einem Teil der Ammoniumbase Benzathin [Bru1995]. Die zusätzlichen Basen erhöhen die Molmassen auf 589 g/mol (Procain-Penicillin G) bzw. 909 g/mol (Benzathin-Penicillin G) im Vergleich zu 334 g/mol von Penicillin G.

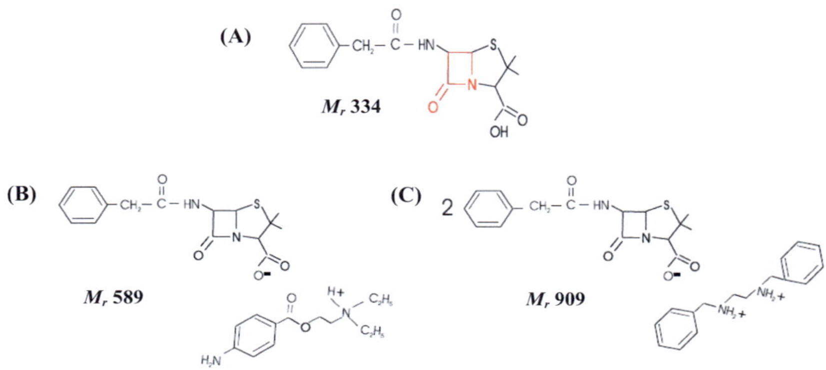

Abb. 1-10: Strukturformeln von Penicillin G (A) und der beiden Depot-Penicilline Procain – Penicillin G (B) und Benzathin-Penicillin G (C) (nach [Bru1995; Bru1999]).

Der Wirkmechanismus der Penicilline ist an den ß-Laktamring geknüpft. Angriffsorte sind Enzyme der Bakterienzellwand, die Peptidoglykansynthetasen (Mureinsynthetasen, Transpeptidasen), die auch als "Penicillin-bindende Proteine" (PBPs) bezeichnet werden (siehe Kapitel 1.5.3.2). Unter Aufspaltung des ß-Laktamrings werden diese Enzyme in der Wachstumsphase der Bakterien selektiv gehemmt, so dass das für das Stützgerüst der Bakterienzelle essentielle Peptidoglykan nicht synthetisiert werden kann. Folge ist eine Abnahme der Quervernetzung der Glykopeptidstränge und letztlich die Lyse der Zelle über die entstandenen Lücken und des damit verbundenen wachsenden Innendrucks. Der Wirkmechanismus macht deutlich, dass nur proliferierende Bakterien betroffen sind. Das Wirkungsspektrum umfasst im Wesentlichen grampositive Keime, Leptospiren und Aktinomyceten [Cac2005].

1.5.3.2 Bindungspartner von Penicillin

Bindungspartner, die sich für einen Nachweis des Penicillins eignen, sind spezifische Antikörper, Penicillin-bindende Proteine (PBP) und ß-Laktamasen. Diese werden im Folgenden kurz vorgestellt.

(1) Antikörper

Im Rahmen dieser Arbeit wurden zwei kommerziell erhältliche monoklonale Antikörper verwendet. Anti-Penicillin G, ist gegen den ß-Laktamring gerichtet und anti-Penicillin bindet spezifisch Penicillin G, aber nicht am ß-Laktamring (siehe Anhang B).

(2) Penicillin-bindende Proteine (PBP)

Der natürliche Angriffsort der Penicilline sind die bakteriellen Enzyme, die Transpeptidasen (PBPs). Alle Bakterien mit einem Mureingerüst besitzen einen spezifischen Satz an PBPs. Diese variieren je nach Spezies in Anzahl und Molekulargewicht [Mau2009]. Die Unterscheidung erfolgt in hochmolekulare (engl. high molecular weight, hmw) und niedermolekulare (engl. low molecular weight, lmw) PBPs. Erstgenannte gelten als essentiell, da sie für die Zellwandbiosynthese verantwortlich sind. Die Nummerierung erfolgt nach absteigendem Molekulargewicht und wird mit Buchstaben zur weiteren Unterscheidung innerhalb eines Bakteriums ergänzt [Wax1983]. PBPs binden ß-Laktam-Antibiotika wie Penicillin über die Aminosäure Serin im aktiven Zentrum [Les1996]. Dadurch wird der ß-Laktamring hydrolytisch gespalten und es bildet sich ein Komplex aus PBP und Antibiotikum (Abb. 1-11). Die Bindung mit Penicillin blockiert das aktive Zentrum des Enzyms und verhindert so essentielle Schritte der Bakterienzellwandsynthese.

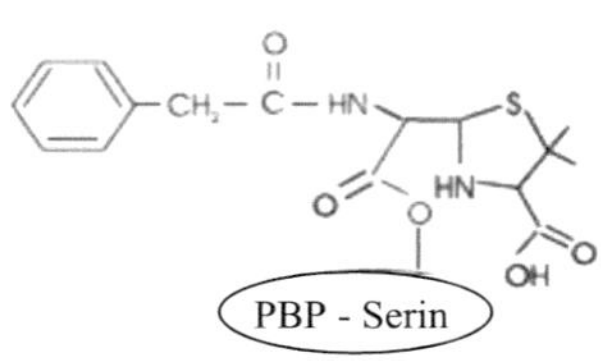

Abb. 1-11: Penicillin G wird über Serin im aktiven Zentrum des PBP gebunden (nach [Les1996]).

(3) ß-Laktamasen

Die Expression der bakteriellen Enzyme ß-Laktamasen ist einer der wichtigsten Resistenzmechanismen dieser Einzeller [Wit2003]. Wie die PBPs binden auch die ß-Laktamasen Penicillin über das Serin im aktiven Zentrum und spalten hydrolytisch den ß-Laktamring [Kel1989; Ant2006]. Im Gegensatz zu den PBPs findet die katalytische Spaltung sehr viel schneller statt und es entsteht kein stabiler Komplex, sondern Penicillosäure als Produkt der enzymatischen Reaktion (Abb. 1-12) [Les1996]. Penicillinasen sind ß-Laktamasen, die spezifisch Penicillin spalten. Auf Grund der schnell ablaufenden enzymatischen Reaktion und des Abbaus von Penicillin können diese Bindungspartner nur für einen indirekten Nachweis über die entstehende Penicillosäure genutzt werden. Die Analytkonzentration wird somit über die Änderung des pH-Wertes oder über den Nachweis der entstandenen Penicillosäure selbst ermittelt.

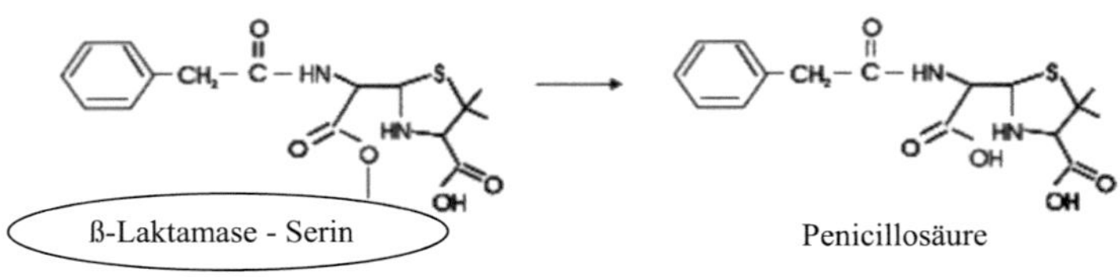

Abb. 1-12: Penicillin G wird über Serin im aktiven Zentrum der ß-Laktamase gebunden und hydrolytisch gespalten, wodurch Penicillosäure entsteht (nach [Les1996]).

1.5.3.3 Nachweismethoden für Antibiotika

ß-Laktam-Antibiotika in Lebensmitteln oder in der Veterinärmedizin werden mittels verschiedener Analyseverfahren nachgewiesen. Für die Überwachung des von der EWG verordneten Rückstandswertes von 4 ng/ml Penicillin G in Lebensmitten werden analytische Testmethoden benötigt, die eine Identifizierung und Detektion im genannten Konzentrationsbereich schnell und kostengünstig ermöglichen. Im Folgenden werden kurz die Vor- und Nachteile der einzelnen Analyseverfahren vorgestellt.

Mikrobiologische Hemmhoftests

Das Testprinzip mikrobiologischer Hemmhoftests basiert auf der Hemmung des Wachstums oder der Stoffwechselaktivität empfindlicher Testkeime durch Hemmstoffe [Mit1998]. Die

Probe wird auf eine Nährplatte gegeben, die mit Bakterien beimpft wurde. Häufig verwendete Testorganismen sind *z. B. Bacillus subtilis* oder *Escherichia coli*. Nach Inkubation kann das Vorhandensein von Antibiotika je nach Testformat anhand der Größe der Hemmhöfe oder der Farbe zugesetzter Indikatoren beurteilt werden, eine Klassifizierung der Antibiotikarückstände ist durch verschiedene Zusätze zum Nährboden nur bedingt möglich (Penicillinase, PABA).

Zu den Vorteilen mikrobieller Hemmhoftests zählen die geringen Kosten und einfache Durchführung. Sie eignen sich zum Screening größerer Probenmengen. Nachteilig wirken sich die relativ langen Testzeiten von 2,5-18 Stunden aus (Bebrütung der Nährplatten), sowie die eingeschränkten Möglichkeiten zur Substanzidentifizierung und Quantifizierung [Lam2007]. Mittlerweile sind jedoch in zahlreichen Studien eine Reihe mikrobieller Hemmhoftestsysteme evaluiert worden, die kürzere Analysendauer besitzen [Mac1981; Zom1996; Sch1998; Suh1998]. Mit diesen kann eine Nachweisgrenze von 2-4 ng/ml erreicht werden. Für den Nachweis von Penicillin G ist in Tab. 1-1 eine Auswahl an kommerziell erhältlichen Hemmhoftests zusammengestellt.

Hemmhoftest	Nachweisgrenze [ng/ml]	Dauer [h]	Referenz
BRT Hemmhoftest	2-3	3 h	[AIM1999]
DelvoTest SP	4	2-3	[DSM2009]
Charm AIM 96-Test	4	4	[Cha1993]

Tab. 1-1: Auswahl an kommerziellen Hemmhoftests zum Nachweis für Penicillin G.

Immunchemische Tests

Bei immunchemischen Verfahren wird als Nachweisprinzip die Fähigkeit von Antikörpern genutzt, spezifische molekulare Strukturen (Antigene) von bestimmten Stoffen zu erkennen und zu binden [Mär1995]. Um diese Antigen-Antikörper-Bindungsreaktion sichtbar und messbar zu machen, werden meist markierte Reagenzien (Antigene oder Antikörper) verwendet. Hierzu zählen radioaktive Isotope (Radioimmunoassay, RIA), Enzyme (Enzymimmunoassay, EIA) sowie lumineszierende oder fluoreszierende Substanzen (Fluoreszenzimmunoassay, FIA). Zu den am häufigsten verwendeten Markerenzymen zählen Meerrettichperoxidase (HRP) und alkalische Phosphatase (AP). Enzymimmunologische Tests eignen sich in erster Linie als Screening-Verfahren. Als Vorteil gegenüber den mikrobiellen Tests sind vor allem die Möglichkeit zur Identifizierung und Quantifizierung der Rückstände zu nennen. Die Weiterentwicklung der Mikrotiterplattentests ermöglichte eine Etablierung von Schnelltestsystemen wie Teststreifen und Immunfiltrationstests [Ost1995; Sch1996; Ver2000]. Des Weiteren ist eine Reihe von Immuntestkits (z.B. „CITE-Probe" von IDEXX oder „LacTek" von IDETEK) kommerziell erhältlich [Str2003]. Mit diesen kann Penicillin G in einer Konzentration von 5 ng/ml nachgewiesen werden. Vorteilhaft ist die im Vergleich zu den Hemmhoftests die schnelle Durchführung mit einer Analysenzeit von ungefähr 10 Minuten (vgl. Tab. 1-1). Nachteilig sind die zum Teil unzureichende Nachweisbandbreite, die Beeinflussbarkeit der Ergebnisse durch pH-Wert, Zellzahl oder Keimzahl und der apparative Aufwand (ein Heizblock ist notwendig).

Physikalisch-chemische Nachweisverfahren

Mit den vorab erläuterten Testverfahren werden meist Screenings durchgeführt. Eine Identifizierung und exakte Quantifizierung eines bestimmten Antibiotikums ist hiermit jedoch nicht möglich. Zu den physikalisch-chemischen Nachweisverfahren zählen colorimetrische, spektro-photometrische, elektrophoretische und chromatographische Methoden. Die größte Bedeutung zur Identifizierung der ß-Laktam-Antibiotika kommt den chromatographischen Verfahren zu. Sie finden breite Anwendung in der Referenzanalytik und als Bestätigungstests. Vorteile dieser Methoden sind ihre Fähigkeit, auch sehr geringe Rückstandsmengen zu spezifizieren und zu quantifizierten. Für Penicillin G konnte eine Nachweisgrenze von 0,4 - 1,1 ng/ml erreicht werden [Rie1999]. Sie sind allerdings arbeitsintensiv und kostspielig, was sie für den Einsatz in der Routinediagnostik unbrauchbar macht [Mit1998].

Biosensoren

Bei der Entwicklung von Biosensoren für den Antibiotika-Nachweis, lag der Schwerpunkt bislang auf elektrochemischen Meßprinzipien. Zum Nachweis von Penicillinen wurde insbesondere die biologische Aktivität von Penicillin-spaltenden Enzymen (ß-Lactamasen bzw. Penicillinasen, Penicillin G-Acylasen) zum potentiometrischen bzw. semikonduktometrischen Nachweis genutzt [Hea1997; Gar1998; Liu1998]. Der entscheidende Nachteil dieser Testsysteme liegt jedoch in der geringen Sensitivität (Nachweisgrenze für Penicillin > 100 ng/ml), so dass sich die Anwendbarkeit dieser Biosensoren auf die Quantifizierung von Penicillinen während des biotechnologischen Herstellungsprozesses dieser Antibiotika beschränkt [Les1998]. Ein weiterer Biosensor mit amperometrischer Signaltransduktion wurde 1999 von Setford et al. beschrieben, der mit einer Nachweisgrenze von etwa 10 ng/ml

Penicillin bereits den lebensmittelhygienischen Anforderungen (MRL: 4 ng/ml) sehr nahe kam [Set1999].

Ein häufig verwendetes Detektionsprinzip beruht auf dem Phänomen der Oberflächenplasmonresonanz (engl. Surface Plasmon Resonance, SPR). Mittels dieser Methode konnte 1,2 ng/ml Penicillin G indirekt über die Inhibierung eines enzymatischen Produktes bei der Anwesenheit des ß-Laktam-Antibiotikums nachgewiesen werden [Gus2004]. Jedoch eignen sich diese Geräte, die ursprünglich zur Messung von Protein-Protein-Interaktionen entwickelt wurden, aufgrund des hohen finanziellen Aufwandes noch nicht zur Routineanalytik.

Ein herausragender Vorteil der Lebensmittelanalytik mittels Biosensoren liegt z. T. in der Schnelligkeit und Spezifität, mit der einzelne Rückstände nachgewiesen werden können. Dennoch besteht hinsichtlich Zeit- und Kostenfaktoren noch Optimierungsbedarf.

1.6 Nachweis spezifischer Markerproteine für Brustkrebs

1.6.1 Definition und Motivation

Maligne Tumore sind in den USA die häufigste und in Deutschland die zweithäufigste Todesursache nach Herz-Kreislauf-Erkrankungen. Jährlich erkranken nach Schätzungen des Robert-Koch-Institutes etwa 400.000 Menschen in Deutschland neu an Krebs [Hus2010]. So starben im Jahr 2006 insgesamt etwa 200.000 Menschen an den Folgen von Krebserkrankungen. Dabei steht bei den Frauen weiterhin Brustkrebs mit ca. 58.000 Neuerkrankungen an erster Stelle, bei den Männern der Prostatakrebs mit ca. 60.100 registrierten Fällen [WHO2009; Hus2010].

Die Tumorentstehung selbst beruht letztlich auf DNA-Veränderungen, für die exogene Noxen wie ionisierende Strahlen, chemische Karzinogene, bestimmte Viren, aber auch Risikofaktoren wie erhöhter Alkoholgenuss oder falsche Ernährung, verantwortlich sein können. Auch erbliche Vorbelastung kann das Risiko einer Krebserkrankung erhöhen.

Die gewonnenen Erkenntnisse der Tumorforschung haben zu einem Umdenken bei der Behandlung von Krebs geführt. Während die klassischen Therapieformen wie Operation, Chemo- und Strahlentherapie in erster Linie der Eliminierung der Tumorzellen dienen, zielen die neuen Ansätze auf eine Wachstumsinhibierung des Tumors über gezielte Medikation ab. Medikamente mit spezifischem Wirkmechanismus richten sich unter anderem auf extrazelluläre Zellstrukturen oder intrazelluläre Signaltransduktionswege, die auf Grund ihrer Aktivität für Prozesse wie Proliferation, Angiogenese (Gefäßneubildung), Invasion und Metastasierung, sowie verminderte Apoptose (programmierter Zelltod) verantwortlich sind [Duf2008]. Daher sind Wachstumsfaktoren wie VEGF (engl. Vascular Endothelial Growth Factor), die bei der Gefäßneubildung eine Rolle spielen, bzw. Wachstumsfaktorrezeptoren wie HER-2/*neu* (engl. human epidermal growth factor receptor 2), die bei 20-25% aller Brustkrebserkrankungen für den Krankheitsverlauf relevant sind, zu attraktiven Angriffspunkten der modernen Krebstherapie geworden [Feh2002; NCI2009].

Eine auf den Patienten abgestimmte und dauerhaft wirksame Therapie erfordert eine frühzeitige und exakte Diagnose, eine Überwachung des weiteren Krankheitsverlaufes während oder nach einer Behandlung, sowie eine voraussagende Einschätzungen zur möglichen Wiederkehr der Krebserkrankung.

Zur Erstellung eines „Patientenprofils“ werden verschiedene prognostische Faktoren herangezogen [Mar2006]. Hierzu gehören:

(1) Patientenabhängige Faktoren wie Alter, Lebensweise und familiäre Vorgeschichte [Xue2008].
(2) „Anatomische“ Charakteristika wie Tumorgröße (T), Lymphknotenbefall (N; lat. Nodus für Knoten) und Metastasierung (M), mit denen Brustkrebs nach dem TNM-System in vier Stadien (I-IV) unterteilt wird [NCI2009].
(3) Biomarker wie Hormonrezeptoren oder Wachstumsfaktoren.

Zur Früherkennung und Diagnose anatomischer Veränderungen dienen das manuelle Abtasten der Brust, sowie bildgebende Verfahren, wie die routinemäßige Mammographie, Ultraschall und Magnetresonanztomographie [Sil2009]. Doch in 40% der Fälle haben sich zum Zeitpunkt der Erstdiagnose bereits Tumorzellen ausgebreitet und versteckte Metastasen gebildet. Die Auswahl der geeigneten Behandlung zur Reduzierung der Todesfälle durch Brustkrebs kann nur über die Erstellung eines exakten „molekularen“ Profils, das auf der Konzentrationsbestimmung relevanter Biomarker beruht, getroffen werden.

Die Suche und Auswahl geeigneter Marker verläuft nach einem bestimmten Schema. Auf die Identifizierung einzelner potentieller Kandidaten mittels Grundlagenforschung und klinischer

Studien, folgen die Phasen der Qualifizierung, Verifizierung und Validierung mittels der Entwicklung klinischer Assayformate [Rif2006; Sop2006]. Dabei müssen folgende Prüfkriterien befolgt werden: Ein Marker muss unabhängig und signifikant mit der Erkrankung korrelieren, d. h. es muss eine klare Unterscheidung zwischen gesunden und kranken Probanden möglich sein. Die erhaltenen Resultate müssen reproduzierbar und durch klinisches Personal eindeutig interpretierbar sein [Sri2001a; Lam2004; Mar2009].

Krebsmarker lassen sich in drei Kategorien unterteilen [Rad2009]:

(1) *diagnostische Marker* identifizieren den Krebstypus
(2) *prognostische Marker* geben Auskunft über den zu erwartenden Schweregrad und Verlauf der Erkrankung
(3) *prädiktive Marker* können einen Hinweis auf das Ansprechen des Patienten für die ausgewählte Therapieform geben

Dementsprechend werden als Tumor- oder Krebsmarker alle nachweisbaren Substanzen zusammengefasst, die zum Hinweis (1), zur Charakterisierung (2) und zum Therapie-Ansprechen (3) einer Krebserkrankung beitragen können.

Verschiedene Projekte und Studien befassen sich weltweit mit der Suche nach sinnvoll und routinemäßig einsetzbaren Markern, im Besonderen für Brust- und Prostatakrebs auf Grund der hohen Erkrankungs- und Sterberate [Lac2006; Har2006; Har2007]. So beschäftigt sich unter anderem auch das von der EU (Europäische Union) geförderte Projekt SmartHEALTH[1], das im 6. Rahmenprogramm integriert ist, in einem Arbeitspaket mit der Suche nach Markern für Brust-, Gebärmutterhals- und Darmkrebs in Körperflüssigkeiten und Geweben [Sma2006; Sma2007; Sma2008].

Aktuell kommen vorwiegend immunohistochemische Untersuchungen von Biopsiegewebe zum Einsatz [Pet2008]. Auf Grund der Heterogenität der Gewebeproben wird jedoch verstärkt der klinische Nutzen von zirkulierenden Biomarkern in Serum oder Plasma überprüft [Duf2006; Har2007; Rad2009]. Die Analyse genetischer Mutationen stand bisher im Vordergrund der Untersuchungen [Pfe2009]. Hierzu stehen kommerziell erhältliche und bereits im klinischen Einsatz befindliche Plattformen, wie Oncotype DX™ (RT-PCR-Assay zur Expressionsanalyse von 21 Genen - 17 Krebs- und 5 Referenzgenen) oder MammaPrint™ (Genexpressionsanalyse mit frischen Gewebeproben) zur Verfügung [Kir2008; Cia2009]. Die

[1] Die vorliegende Arbeit wurde zum Teil über dieses Projekt finanziert.

Konzentrationsbestimmung von Proteinmarkern wäre eine weitere sinnvolle Alternative bzw. Ergänzung [Sri2001b].

1.6.2 Modellanalyt: biotinyliertes Rinderserumalbumin/BSA (b-BSA)

Wie bereits für den exemplarischen Nachweis eines niedermolekularen Analyten vorgestellt, eignet sich das Avidin/Biotin-System hervorragend als Modell (siehe Kapitel 1.5.2). Die Verwendung eines SAW Biosensors zur spezifischen Analyse der Proteinkonzentration in einer Probe, erfordert vorab eine sensitive Beschichtung der Oberfläche (siehe Kapitel 1.4). Diese beeinflusst jedoch ihrerseits die Signalhöhe der Sensorantwort je nach gebundenen Bindungspartnern und zu detektierenden Analyten [Län2008b; Län2009b]. Aus Kostengründen (Preis der verwendeten Antigene und Antikörper) werden die Beschichtungsprotokolle und Immobilisierungsstrategien vorab an einem Modellanalyt getestet, der hinsichtlich der molekularen Masse und des spezifischen Bindungspartners (z. B. Antikörper) auf der Oberfläche mit dem „wahren" Analyten vergleichbar ist. Es wird im Rahmen dieser Arbeit auf biotinyliertes Rinderserumalbumin (engl. bovine serum albumin, BSA) mit einer Molmasse von 66.000 g/mol als Modellanalyt zurückgegriffen.

Anwendung findet BSA in verschiedenen biochemischen Methoden (ELISA, Immunoblots, Immunhistochemie) zur Blockierung noch freier Bindungsstellen. Auf Grund der Gewinnung aus Rinderblut, das als Nebenprodukt bei der Fleischverarbeitung entsteht, ist BSA ein preisgünstiges Protein, das eine vielseitige Anwendung in biochemischen Labors findet.

Der Modellanalyt biotinyliertes Rinderserumalbumin (b-BSA) kann nicht nur mit Streptavidin binden, sondern auch mit einem spezifischen Antikörper gegen Biotin (anti-Biotin). Die aus der Bindung von Analyt und Fängermolekül resultierenden Messdaten geben Aufschluss über den potentiellen Nutzen der sensitiven Schicht und der gewählten Immobilisierungsstrategie für den relevanten Analyten (hier: Proteinmarker für Brustkrebs). Das Streptavidin/Biotin-System kann in diesem Zusammenhang nicht nur als Modell einer affinen Interaktion angesehen werden, sondern auch als Teil der Beschichtung zur Ankopplung biotinylierter Antikörper oder biotinylierter Linker, wie Fc-Rezeptoren, dienen (siehe Kapitel 1.4.4).

1.6.3 Praxisnahe Anwendung: Nachweis von zwei Markerproteinen für Brustkrebs

Die frühzeitige Diagnose von Brustkrebs wird über Risikoeinschätzungen, wie Alter oder Vorbelastungen und darauf folgende nicht-invasive Screening-Methoden wie Mammographie oder genetische Analysen gestellt [Har2006]. Um die bestmögliche Behandlungsstrategie für den einzelnen Patienten bestimmen zu können, folgt jedoch die Charakterisierung, Verlaufsprognose und das Therapie-Ansprechen der Erkrankung (siehe Kapitel 1.6.1).

Hierfür wurden im Rahmen dieser Arbeit exemplarisch zwei Proteinmarker für Brustkrebs ausgewählt, die sich auf Grund folgender Kriterien für den Nachweis mittels SAW Biosensoren eignen:

- relativ hohe Molmasse (M_r > 20.000)
- in Serum und Plasma detektierbar
- spezifische Antikörper und Antigene sind kommerziell erhältlich
- bekannte und relativ hohe Schwellenwerte (> 10 ng/ml)

Im Folgenden werden die verwendeten Proteine hinsichtlich ihrer molekularen Beteiligung bei der Entstehung von Brustkrebs, der Einschätzung als klinisch relevante Marker und bereits vorhandener Nachweismethoden vorgestellt.

1.6.3.1 HER-2/neu oder ErbB2

Der epidermale Wachstumsfaktorrezeptor 2 (engl. human epidermal growth factor receptor 2, HER-2), auch als ErbB2 bekannt, gehört zur Familie der Membran umspannenden Typ I-Rezeptor-Tyrosinkinasen [Bar1986; Doh1999; Sun1999; Mit2010]. Alle vier Mitglieder der Familie (ErbB1, ErbB2/HER-2, ErbB3/HER-3, ErbB4/HER-4) bestehen aus einer extrazellulären Domäne mit zwei cysteinreichen Sequenzen, einer Transmembrandomäne und einer cytoplasmatischen (intrazellulären) Domäne, die weiter in eine Kinasedomäne und eine hochkonservierte Sequenz am C-Terminus unterteilt werden kann (Abb. 1-13). Für HER-2 wurde bisher kein Ligand entdeckt und er besitzt keine Tyrosinkinaseaktiviät (Abb. 1-13, rotes Kreuz). Er dient als Heterodimerisierungspartner für die anderen ErbB-Rezeptoren der Familie. Der exakte Mechanismus des HER-2-Signalweges ist noch nicht vollständig geklärt [Har2000].

Die Familie der ErbB-Rezeptoren ist u. a. involviert in den Ras-MAPK- und PI3-Kinase-Signalweg, durch die verschiedenste zelluläre Prozesse gesteuert werden [Sun1999]. HER-2 ist in epithelialem, neuronalem und mesenchymalem Gewebe zu finden [Ola2001] und ist an den normalen Prozessen der Brustdrüsen-, Herz- und Nervensystementwicklung beteiligt [Sun1999; Neg2004].

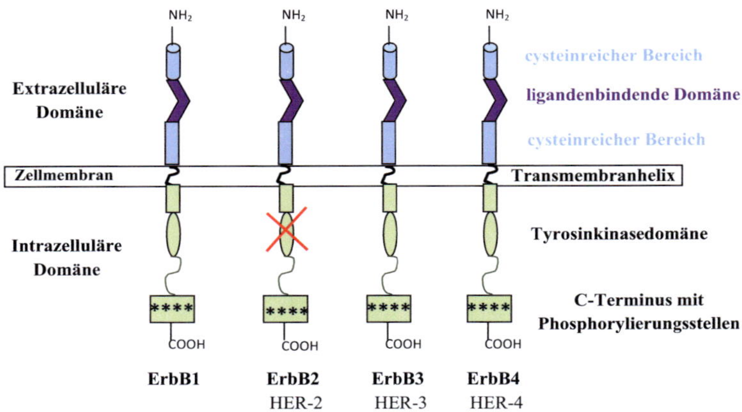

Abb. 1-13: Schematischer Aufbau der epidermalen Wachstumsfaktorrezeptoren. Dargestellt sind die 4 Mitglieder der ErbB-Familie. HER-2 besitzt keine Tyrosinkinaseaktivität (rotes Kreuz).

In den letzten Jahren wurde HER-2 mit einer Molmasse von 185.000 g/mol (p185) [Car 2003] besondere Aufmerksamkeit hinsichtlich seiner Rolle beim Krankheitsverlauf von Brustkrebs geschenkt [Ecc2001]. Mehrere wissenschaftliche Arbeiten haben gezeigt, dass HER-2 sowohl als prognostischer als auch prädiktiver Marker dienen kann [Coo2001; Ali2002; Lüf2003]. Hierbei hat besonders die abgespaltene extrazelluläre Domäne/EZD (97.000-115.000 g/mol, p105), die zirkulierend in Serum und Plasma von Brustkrebspatientinnen gefunden wurde, an Bedeutung gewonnen [Hay2001b]. Die Konzentrationsbestimmung der EZD von HER-2 im Blut dient als Alternative zu den histochemischen Untersuchungen von Biopsiegewebe. Die Beteiligung der EZD an Vorgängen der Metastasierung und Invasion ist weiterhin nicht vollständig geklärt [Cod1999; Fre2009]. Es konnte jedoch in *in vitro*-Untersuchungen gezeigt werden, dass die Abtrennung der EZD die Signalaktivität des Rezeptors erhöht [Lüf2003a]. Ebenfalls eindeutig festgestellt werden konnte, dass in 15-30 % der diagnostizierten Brustkrebserkrankungen die HER-2-Expression erhöht ist und diese mit einem aggressivem

Tumorverhalten und einer schlechten Prognose des Krankheitsverlaufs verbunden ist [Ecc2002; Jen2003]. Der Schwellenwert, also die obere Referenzgrenze eines angegebenen Referenzbereiches, der in einer Stichprobe von Probanden erhoben wurde und auftreten kann (Definition nach [Lam2004]), liegt für HER-2 bei 13-20 ng/ml [Lip2002; Jen2003; Car2003]. Während Patientinnen mit einem erhöhten Progesteronrezeptor (PR)- oder Estrogenrezeptor (ER)-Spiegel einer endokrinen Behandlung unterzogen werden [NCI2008], bekommen HER-2-positive Fälle das Mittel Herceptin® (Trastuzumab = monoklonaler Antikörper gegen EZD von HER-2) verabreicht [Kös2004; Jen2009]. Es konnte gezeigt werden, dass Patientinnen, die ER- und HER-2-positiv sind, schlechter auf eine Hormontherapie reagieren, als jene, die nur ER-positiv sind [Suh2002; Lip2002; Men2004; Lip 2005].

Der HER-2-Status kann mittels verschiedener Techniken je nach Zielmolekül, wie DNA, mRNA, Zelloberflächenrezeptor oder der abgespaltenen EZD im Blut oder Gewebe, ermittelt werden [Sch2001b]. Zu den Nachweisverfahren für die Detektion von HER-2-Protein, -DNA oder -mRNA gehören unter anderem die Blot-Methoden (Western, Sothern, Northern). Für den Nachweis des HER-2-Proteins werden jedoch in der Regel zwei Methoden eingesetzt: Immunhistochemie (IHC) zur Detektion des HER-2-Rezeptors in Gewebeproben direkt an der Zelloberfläche und ELISA (engl. enzyme linked immunosorbent assay) zur Konzentrationsbestimmung der EZD im Serum. Der Nachweis von HER-2-DNA erfolgt mittels Fluoreszenz *in situ*-Hybridisierung (FISH) zur Visualisierung der DNA in Gewebeproben oder mittels Polymerase-Kettenreaktion (engl. polymerase chain reaction, PCR). Routinemäßigen Einsatz finden momentan hauptsächlich IHC und FISH, die bereits auch als kommerziell erhältliche Produkte zugänglich sind [Lüf2003b]. Die Nachweismethoden für HER-2 sind in Tab. 1-2 zusammengefasst.

Die Biosensorik könnte einen schnellen (wenige Minuten) und kostengünstigen Nachweis des HER-2-Proteins aus Blut- oder Gewebeproben bieten [Tot2009]. Trotz des stetig anwachsenden Bedarfs zur Konzentrationsbestimmung ist noch kein kommerziell erhältlicher Biosensor für den Nachweis der EZD von HER-2 im Serum erhältlich.

Ziel-molekül	Verfahren	Probe	Vorteil	Nachteil	Dauer	Referenz
Protein	IHC (Anfärben des Rezeptors direkt an der Zellmembran)	Gewebe-schnitte	- kommerziell erhältlich (ACIS-System, Dako)	- untersch. Präparation - subjektive Interpretation der Färbeergebnisse	ca. 4 h	[Lüf2003b]
EZD	ELISA (Immunassay)	Serum	- relativ einfach und automatisierbar - kommerziell erhältlich (z. B. Bayer Immuno 1 Assay)	abhängig von Sensitivität und Spezifität der Antikörper und des Detektionssystems	ca. 3 h	[Pay2000; Lip2002; Lüf2003b]
DNA	FISH (Visualisierung chromosomale DNA)	Gewebe-schnitte	- stabile chrom. DNA - kommerziell erhältlich (Inform™/Ventana™) - sehr sensitiv und spezifisch	kostenintensive und nicht überall vorhandene Ausrüstung (hochauflösendes Fluoreszenzmikroskop und digitale Bildverarbeitung) notwendig	ca. 3 h	[Lüf2003b]
DNA	PCR (Gen-Quantifizierung)	Gewebe-proben	- sehr sensitiv - wenig Probenmaterial notwendig - automatisiert und standardisiert	reproduzierbare Vorbereitung zur DNA-Extraktion schwierig	ca. 2h	[Lüf2003b]

Tab. 1-2: Nachweismethoden für HER-2. Die Blotverfahren wurden hier nicht berücksichtigt (nach Angaben aus [Sch2001b]).

1.6.3.2 TIMP-1

Es existieren spezifische Inhibitoren, die die Matrix Metalloproteinasen (MMPs) und damit den Abbau der extrazellulären Matrix (EZM) hemmen: die endogenen „tissue inhibitors of matrix metalloproteinases“ (TIMPs) [Mat1992; Bir1995; Woj1997]. Bedeutsam für den Aufbau des Bindegewebes ist das Zusammenspiel zwischen den MMPs und den TIMPs. Die MMPs bauen Makromoleküle der EZM ab. Werden diese durch ihre spezifischen Inhibitoren gehemmt, resultiert im gesunden Organismus ein ständiges Gleichgewicht zwischen Auf- und

Abbau der EZM. Bei pathologischen Zuständen ist dieses Gleichgewicht gestört. So können hohe Spiegel an TIMPs durch verminderten Matrixabbau zur Akkumulation der EZM führen. Die TIMPs gehören zur Familie der Kollagenase-Inhibitoren. Bislang wurden vier TIMPs (TIMP-1, TIMP-2, TIMP-3, TIMP-4) identifiziert, die zu 35-40 % in ihrer Aminosäuresequenz identisch sind und deutliche strukturelle Homologien besitzen [Mel2008]. Diese extrazellulären Proteine können mit hoher Affinität an spezifische MMPs binden [Bre2000].

TIMP-1 ist ein Glykoprotein (M_r 28.500) mit zwölf konservierten Cysteinresten, die die sogenannte „sechs Peptidschleifen"-Struktur formen [Bre2000]. Es wird durch viele verschiedene Zellen, wie z. B. Fibroblasten, Monozyten, Makrophagen, Chondrozyten, Hepatozyten und Ito-Zellen synthetisiert [Roe1993; Gat1996]. TIMP-1 hemmt nicht nur die Degradation der Matrix, sondern nimmt auch Einfluss auf Angiogenese, Wundheilung und Invasion [Han1993; Cul1997]. Der Inhibitor induziert Veränderungen in der Zellmorphologie, stimuliert Zellwachstum verschiedener Zelltypen und ist an der Suppression des programmierten Zelltods (Apoptose) und Gewebeumformungen während der Tumorprogression beteiligt. [Møl2005; Ste2008].

TIMP-1 zählt zu den neuen viel versprechenden prädiktiven Markern für Brustkrebs, neben den bereits erwähnten Hormon- und Wachstumsfaktorrezeptoren, zur Überwachung der Chemotherapie [Hay2001a; Wür2005]. Denn es gibt viele ER-/PR- oder HER-2-positive Patienten, die dennoch nicht auf die danach ausgerichtete Therapie ansprechen. Die Suche nach neuen Medikamenten geht demnach immer gleichzeitig einher mit der Suche nach neuen Markern. Es konnte in unterschiedlichen Studien bestätigt werden, dass erhöhte Konzentrationen von TIMP-1 (> 196 ng/ml) auf eine schlechte Verlaufsprognose und ein 4,4-fach höheres Rückfallrisiko innerhalb der nächsten 10 Jahre hindeuten [Tal2005; Viz2007]. Für den TIMP-1-Nachweis hat sich zudem Blutplasma als geeignetes Probenmaterial herausgestellt [Wür2008]. Trotz dieser Hinweise ist der prognostische Nutzen des TIMP-1-Proteins in Serum noch ungeklärt, weshalb sich dieser potentielle Proteinmarker für Brustkrebs noch nicht im klinischen Einsatz befindet.

Zum Nachweis von TIMP-1 im Serum oder Plasma dienen kommerziell erhältliche ELISA-Kits [Hol1999; Woz2003; Tal2005] oder in Gewebeschnitten immunhistochemische Methoden [Viz2007].

Bislang gibt es also keinen kommerziell erhältlichen Biosensor für den markierungsfreien und direkten Nachweis der Proteine HER-2 und TIMP-1, der alle genannten Anforderungen hinsichtlich Nachweisgrenze, niedrigen Kosten und einfacher Handhabung erfüllt und somit als alternatives bzw. ergänzendes Analyseverfahren zur routinemäßigen Überwachung der Therapie und des Krankheitsverlaufs von Brustkrebs dienen könnte

1.7 Zielsetzung der Arbeit

Im Rahmen der vorliegenden Arbeit soll das Potential von SAW Biosensoren hinsichtlich der Anforderungen für die Anwendung in der klinischen Diagnostik überprüft werden. Die Spezifität jedes Biosensors wird über die molekulare Erkennung bestimmt. Diese muss folgenden Anforderungen gerecht werden:

- Die Abschirmung unspezifischer Interaktionen zwischen Sensoroberfläche und Hintergrundproteinen muss gewährleistet werden.
- Es müssen ausreichend und für den Analyten frei zugängliche spezifische Bindungsstellen zur Verfügung stehen.

Die Funktionalisierung der Sensoroberfläche ist dementsprechend **der** entscheidende Faktor, der ein Sensorbauteil erst zu einem Biosensor macht. Die Auswahl der geeigneten Sensorbeschichtung, der Immobilisierungsmethode der Fängermoleküle und des Assayformats ist von der Anwendung abhängig.

In dieser Arbeit wurden anhand von Modellsystemen Protokolle für die geeignete Oberflächenfunktionalisierung entwickelt, die es ermöglichen, die Analyten in klinisch relevanten Konzentrationsbereichen mit dem SAW Biosensor zu detektieren. Die optimierten Beschichtungen, Immobilisierungsmethoden und Assayformate wurden auf exemplarische, praxisnahe Anwendungen übertragen und auf ihre Eignung überprüft. Im Fokus der Arbeit lagen zwei ausgewählte Anwendungsgebiete:

(1) Nachweis niedermolekularer Analyten:

Eine Reihe niedermolekularer Substanzen, wie Toxine, Hormone oder Pharmaka, wie z. B. Antibiotika, müssen in Lebensmitteln oder Gewässern auf Grund gesetzlich festgelegter Höchstwerte oder in Blut auf Grund medizinischer Notwendigkeit gemessen werden. Die meisten Verfahren sind zeit- und kostenintensiv. Wünschenswert ist deshalb ein direktes und markierungsfreies Analysesystem, mit dem in wenigen unkomplizierten Schritten die relevanten Analytkonzentrationen gemessen werden können. In der vorliegenden Arbeit konnte der Nachweis des Modellanalyten d-Biotin mittels SAW Biosensoren über die Entwicklung geeigneter Assayformate untersucht und diese Erkenntnisse auf den Nachweis des Antibiotikums Penicillin als exemplarische Anwendung übertragen werden.

(2) Nachweis von Brustkrebsmarkern:

In den letzten Jahren ist eine verstärkte Suche nach Proteinmarkern, die in Körperflüssigkeiten zu detektieren sind, zu beobachten. Solche Marker sollen bei der Diagnose und Überwachung von Krankheiten wie Krebs bisherige vorwiegend bildgebende Verfahren teilweise ersetzen oder diese ergänzen. Auch hier sind schnelle und exakte Analyseverfahren wünschenswert. Im Rahmen dieser Arbeit wurden anhand eines Modellsystems (Nachweis von biotinyliertem Rinderserumalbumin) Beschichtungsprotokolle für den SAW Biosensor entwickelt, die den Nachweis des Analyten in niedrigen Konzentrationen ermöglichen. Die entwickelten Protokolle wurden für den Nachweis von zwei exemplarisch ausgesuchten Proteinmarkern für Brustkrebs eingesetzt.

2 Material und Methoden

2.1 SAW Bauteile

Die im Rahmen dieser Arbeit für den Einsatz als Biosensor verwendeten SAW-Bauteile wurden in Kooperation mit der Firma Siemens/EPCOS unter der Typenbezeichnung E062 entwickelt. Hierbei handelt es sich um SAW Resonatoren auf der Basis von horizontal polarisierten Oberflächen-Scherwellen (HPSSW, siehe Kapitel 1.3.1). Ein solches 4 mm x 4 mm großes Bauteil (Abb. 2-1, links) besteht aus 0,36 mm dickem piezoelektrischem Substrat 36°YX-$LiTaO_3$ und Interdigitaltransduktoren (IDTs) aus Gold. Als Resonator kann das SAW Bauteil im Oszillatorschaltkreis betrieben werden. Über die elektrischen Kontaktflächen, die Koppelpads, wird der Sensor kapazitiv angeschlossen. Details zum Aufbau des SAW Bauteils E062 sind in Abb. 2-1 dargestellt.

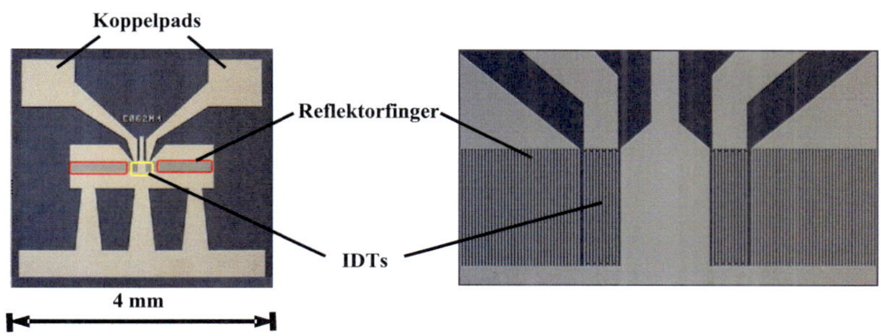

Abb. 2-1: Darstellung des SAW Bauteils. Auf der linken Seite ist das hier verwendete SAW Bauteil E062 abgebildet (nach [Rapp2008]). Der sensitive Bereich in der Mitte des Bauteils ist auf der rechten Seite im Detail dargestellt (200-fache Vergrößerung).

Zur spezifischen Detektion von Analyten wird die Oberfläche des Bauteils chemisch modifiziert (siehe Kapitel 1.4 und 2.3). Der so präparierte SAW Biosensor wird daraufhin als frequenzbestimmendes Element in einen Oszillatorschaltkreis eingebaut. Die gemessene Frequenz resultiert aus der Differenz zu einem konstanten Referenzsignal, das durch einen Referenzoszillator mit der Resonanzfrequenz von 433,94 MHz generiert wird. Details zum Messprinzip des SAW Biosensors und der Auswerteparameter werden in Kapitel 2.4 beschrieben.

2.2 Flusszelle und Fließ-Injektions-Analyse- (FIA-) System

Der Einsatz des SAW Biosensors zur Detektion von Analyten erfordert sowohl eine fluidische als auch eine elektrische Kontaktierung. Hierfür wird der Sensor (Abb. 2-2 a) in eine Flusszelle mit der aktiven Oberfläche nach unten eingelegt (Abb. 2-2 b). Ein Deckel mit Silikondichtfläche, der mit Hilfe einer Arretierschraube fixiert wird, verschließt die Flusszelle (Abb. 2-2 c). Diese besteht aus einem Aluminiumkörper und einer daran befestigten Elektronikplatine. In diese Platine ist ein Kanal eingefräst, über den die Probenflüssigkeit an den sensitiven Bereich des Sensors geführt wird. Die Abmessungen des Kanals von 0,7 mm Höhe, 0,4 mm Breite und 4 mm Länge erlauben ein effektives Volumen von 1,18 µl über dem Sensor.

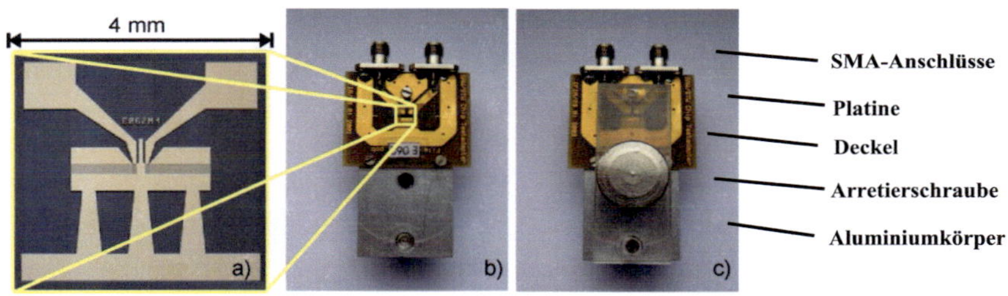

Abb. 2-2: Aufbau der verwendeten Flusszelle mit Einlegen des Sensors. SAW Bauteil E062 (a), offene Flusszelle (b) und geschlossene Flusszelle (c) (nach [Rap2008]).

Die korrekte und reproduzierbare Positionierung des Sensors in der Flusszelle wird über einen auf der Leiterbahn aufgeklebten Polymerrahmen gewährleistet. Die elektrische Kopplung des SAW Biosensors mit der Platine erfolgt kapazitiv, hierfür sind die Koppelpads der Flusszelle an die Koppelpads des Sensors angepasst [Ben2004a]. Angelötete SMA-Anschlüsse dienen als Ein- und Ausgang für den Betrieb im Oszillatorschaltkreis. Die vom Sensor kommenden elektrischen Signale werden an die Auswerteelektronik weitergeleitet. Die aktuelle Resonanzfrequenz wird jede Sekunde mit einer Genauigkeit von einem Hertz ausgelesen. Das ermittelte Sensorsignal wird mittels Software gegen die Zeit in einem Kurvendiagramm aufgetragen und am PC dargestellt.

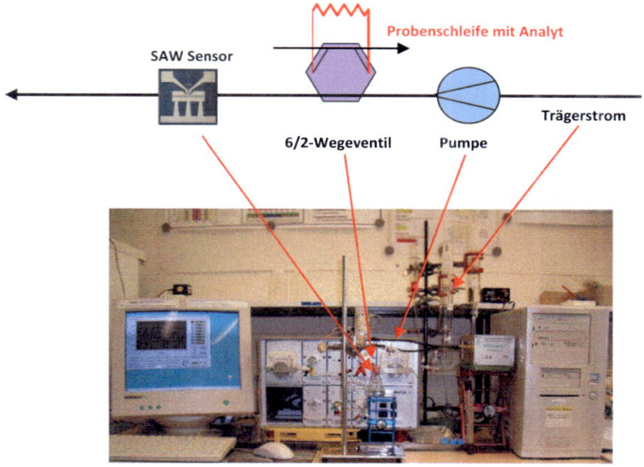

Abb. 2-3: Laboraufbau des FIA-Systems. Mittels einer Pumpe wird das Trägermedium über das Ventil (Modus „Probe laden“) zum Durchflussdetektor (Flusszelle mit SAW Bauteil) geführt. Wird auf den Modus „Injektion" umgeschaltet, so fördert der Trägerstrom das Probenvolumen aus der Probenschleife über den Sensor.

Die Einbettung der Flusszelle in ein FIA-System (Abb. 2-3) ermöglicht die fluidische Kontaktierung des SAW Bauteils, die Probenaufnahme und die Beprobung des Sensors selbst. Das System besteht aus zwei Peristaltikpumpen, einem 6/2-Wegeventil und einer Probenschleife, in der die Probenflüssigkeit enthalten ist. Das System kann in zwei Schaltzuständen betrieben werden:

1. *Modus „Probe laden“*: Die Trägerstrompumpe befördert mit einer vorab eingestellten kontinuierlichen Fließgeschwindigkeit (i. d. R. 50 µl/min) den Trägerstrom (z. B. Puffer) über das SAW Bauteil, bis sich eine stabile Basisilinie mit einem geringen Grundrauschen (bis 1 kHz) einstellt. In diesem Schaltzustand kann die Probenschleife zeitgleich über die zweite Peristaltikpumpe mit der Analytlösung geladen werden. Die Probe wird aus einem Gefäß (z. B. Eppendorf-Cup) eingezogen.

2. *Modus „Injektion“*: Nach Umschalten des Ventils schiebt der Trägerstrom mit konstanter Fließgeschwindigkeit die Analytlösung aus der Probenschleife über den SAW Sensor.

2.3 Oberflächenmodifikation der SAW Bauteile

Bevor die SAW Bauteile als Biosensoren zur Detektion von Analyten verwendet werden können, muss die Oberfläche entsprechend vorbereitet werden. Nach einer chemischen Homogenisierung mit dem Polymer Parylen C folgt die kovalente Anbindung einer intermediären Zwischenschicht (Hydrogel), an der die Fängermoleküle gebunden werden (siehe Kapitel 1.4). In den folgenden Abschnitten wird die schrittweise Modifikation der Sensoroberfläche im Detail beschrieben.

2.3.1 Beschichtung mit Parylen C

Die Parylenschicht wird durch chemische Gasabscheidung (engl. chemical vapor deposition, CVD) auf die Oberfläche der SAW-Bauteile aufgebracht [Ben2004b]. Im Rahmen der hier vorliegenden Arbeit stand zur Beschichtung mit Parylen C ein Labcoater 2010 der Firma Speciality Coating Systems (USA, www.scscoatings.com) zur Verfügung. Ausgangstoff der Beschichtung ist das Dimer des Polymers Parylen C, mit der Bezeichnung Di(2-chlor-p-xylylen). Die vorab festgelegte Menge (i. d. R. 82-83 mg) des Dimers wird unter erhöhter Temperatur verdampft wodurch das Dimer radikalisiert. Diese Radikale polymerisieren bei Raumtemperatur und Unterdruck im Rezipienten auf alle zur Verfügung stehenden Oberflächen, also auch auf die in der Anlage befindlichen Sensoren. Die Überwachung der sich einstellenden Schichtdicken erfolgt während des Prozesses über einen integrierten QCM. Die einzelnen Schritte des Prozesses werden detailliert in [Sta1999; Rap2008] beschrieben.

2.3.2 Aufbringung der intermediären Zwischenschicht

Zur weiteren Funktionalisierung der mit 0,1 µm Parylen C beschichteten SAW Bauteile werden diese erst unter Niederdruckplasma gereinigt und aktiviert, danach silanisiert und an die so entstandenen freien Epoxygruppen der Silanschicht die intermediäre Zwischenschicht kovalent gebunden. Im Folgenden werden diese Teilschritte näher beschrieben.

Aktivierung der Oberfläche im Plasma

Die Aktivierung der Oberfläche durch Niederdruckplasma ist notwendig, da Parylen C chemisch inert ist. Durch das Plasma bilden sich an der Oberfläche Radikale, die mit dem Sauerstoff der Umgebung reagieren können. Diese Oxidation lässt chemisch aktive Hydroxy- und Carboxygruppen entstehen [Sta1999]. Die mit 0,1 µm Parylen C beschichteten SAW Sensoren werden im Plasmacleaner (Harrick, PDC-32G) bei einem Druck von 0,13 mbar und der Einstellung „medium" für exakt 15 Sekunden im Plasma gereinigt und aktiviert [Län2007].

Silanisierung der plasmaaktivierten Oberfläche

Direkt nach der Plasmaaktivierung erfolgt eine Behandlung der Sensoren mit Glycidyloxypropyltrimethoxysilan (GOPTS). Hierzu erfolgt die Auftragung von 5 µl GOPTS pro Sensor für 55 Minuten bei Raumtemperatur. Im Anschluss werden die Sensoren mit Aceton gespült und getrocknet [Län2007].

Ankopplung des Hydrogels

Die im Anschluss folgende Ankopplung der verwendeten Hydrogele geschieht über Nacht. Die Lösungsmittel und Reaktionstemperaturen sind vom Hydrogel abhängig und werden für die einzelnen Hydrogele näher dargestellt:

(1) *caboxyfunktionalisiertes Aminodextran/AMD$_{+GA}$ (M_r 3.000-500.000) und carboxyfunktionalisiertes Diamino-Polyethylenglykol/DA-PEG$_{+GA}$ (M_r 2.000):*
Nach Trocknung der mit Parylen C beschichteten und silanisierten SAW Sensoren werden 10 µl einer wässrigen 2 mg/ml AMD- bzw. DA-PEG-Lösung pro Sensor zugegeben. Nach einer Inkubationszeit von 16-24 Stunden in einer mit bidestilliertem Wasser feucht gehaltenen Glasschale werden die Sensoren mit bidestilliertem Wasser gespült und durch Stickstoff getrocknet. Zur Umsetzung der Amino- in Carboxygruppen werden je 10 µl einer 2 mg/µl Glutarsäureanhydrid (GA)-Lösung in Dimethylformamid (DMF) zugegeben. Nach eine Inkubationszeit von 30 Stunden in einer mit DMF feucht gehaltenen Glasschale werden die Sensoren mit DMF und Aceton gespült und durch Stickstoff getrocknet [Län2009a]. Der Umsetzungsgrad des carboxyfunktionalisierten AMDs bzw. DA-PEGs richtet sich nach der Molmasse und der Konzentration der vorhandenen funktionellen Gruppen des jeweiligen Hydrogels (siehe Tab. 3-1). Zur Vereinfachung wird in der vorliegenden Arbeit carboxyfunktionalisiertes Aminodextran mit AMD$_{+GA}$ und carboxyfunktionalisiertes DA-PEG mit DA-PEG$_{+GA}$ abgekürzt.

(2) *Amino-Biotin-Polyethylenglykol/AB-PEG (M_r 3.000):*

Nach Trocknung der mit Parylen C beschichteten und silanisierten SAW Sensoren werden je 10 µl einer wässrigen 3 mg/ml AB-PEG-Lösung zugegeben. Nach einer Inkubationszeit von 16-24 Stunden in einer mit bidestilliertem Wasser feucht gehaltenen Glasschale werden die Sensoren mit bidestilliertem Wasser gespült und durch Stickstoff getrocknet.

(3) *Dicarboxy-Polyethylenglykol/DC-PEG (M_r 2.000):*

Nach Trocknung der mit Parylen C beschichteten und silanisierten SAW Sensoren werden je 10 µl einer 2 mg/ml DC-PEG-Lösung in Dichlomethan zugegeben und nach Verflüchtigung des Lösungsmittels bei 70°C für 16-24 Stunden im Ofen inkubiert. Nach der Entnahme aus dem Ofen werden die Sensoren sofort mit 60°C warmen bidestilliertem Wasser gespült und anschließend mit raumtemperiertem bidestilliertem Wasser nachgespült und schließlich durch Stickstoff getrocknet.

Die beschichteten Sensoren wurden bis zu acht Wochen bei 4°C im Exsikkator, mit wasserfreiem Na_2SO_4 als Trocknungsmittel, gelagert.

2.3.3 Verwendete Immobilisierungsstrategien

Die Anbindung der für jeden Analyt selektiven Bindungspartner oder Linker ist abhängig von den funktionellen Gruppen der verwendeten Immobilisierungsmatrix und der Bindungspartner bzw. der Linker selbst. Die Immobilisierungsmethoden können im Rahmen dieser Arbeit mit folgenden Stichworten unterschieden werden: kovalent / nicht-kovalent (affin), ungerichtet (ohne Linker) / gerichtet (mit Linker) sowie online / offline. Diese Verfahren wurden hinsichtlich der Sensitivität für die Analytnachweise überprüft (siehe Kapitel 2.4). Eingesetzt werden folgende Immobilisierungsstrategien:

(1) Adsorption des Bindungspartners, des Linkers oder des Liganden auf Parylen C (für Vorversuche)
(2) kovalente Immobilisierung der Fängermoleküle mittels Carbodiimid-Methode (ungerichtet)
(3) Bindung der Fängermoleküle an kovalent mittels Carbodiimid-Chemie gekoppelte Linker, wie Protein A / G oder Streptavidin / Neutravidin (gerichtet)

(4) Bindung der biotinylierten Fängermoleküle an die über die Biotinguppen des Hydrogels affin gebundenen Linker Streptavidin bzw. Neutravidin (gerichtet).

(5) Vergleich verschiedener Hydrogele und der dafür geeigneten Immobilisierungsmethode.

In Tab. 2-1 sind die einzelnen Prozessschritte der unterschiedlichen Immobilisierungsverfahren zusammengefasst dargestellt.

Hydrogel	**AMD_{+GA} / DC-PEG**	**AB-PEG**
Immobilisierungsverfahren	kovalente Kopplung der Fängermoleküle oder 1. Linker	affine Kopplung von Streptavidin / Neutravidin
Inkubationszeiten	online: 8 Minuten (im Fluss) offline: 30 Minuten / 4 Stunden/ über Nacht (stehende Lösung)	
Verwendung von Linkern	- ohne Linker - ein Linker: Protein A / G - zwei Linker: Streptavidin - biot. Protein A / G	- ein Linker: Streptavidin / Neutravidin - zwei Linker: Streptavidin - biot. Protein A / G

Tab. 2-1: Übersicht der eingesetzten Immobilisierungsstrategien.

Die kovalente Immobilisierung von Fängermolekül, Linker oder Ligand ist auf carboxyfunktionalisierten Oberflächen (z. B. AMD_{+GA}, DC-PEG) mittels Carbodiimid-Chemie möglich und wird in Kapitel 2.3.3.1 detailliert beschrieben. Dem gegenüber steht die affine Kopplung von Streptavidin und Neutravidin an die Biotin-Gruppen von AB-PEG (siehe Kapitel 2.3.3.2). Diese beiden Proteine werden als Fängermolekül für den Nachweis von Biotin bzw. biotinyliertes Rinderserumalbumin (b-BSA) und als Linker zur gerichteten Ankopplung biotinylierter Antikörper (biot. anti-HER-2, biot. anti-TIMP-1) oder eines biotinylierten zweiten Linkers (biot. Protein A / G) verwendet. Die Ankopplung der genannten Bindungspartner oder Linker wird in beiden Fällen sowohl „online", also in der Flusszelle, als auch „offline" mittels stehender Lösungen durchgeführt. Der Vorteil einer offline-Ankopplung liegt im Einsatz geringer Volumina. In den folgenden Kapiteln werden diese beiden Verfahren verglichen. Die kovalente offline-Immobilisierung von Liganden für einen Inhibierungsassay wird in Kapitel 2.3.3.3 beschrieben.

2.3.3.1 Kovalente Immobilisierung der Fängermoleküle oder Linker

Die online-Ankopplung der spezifischen Fängermoleküle (Antikörper wie anti-Biotin, anti-HER-2, anti-TIMP-1) oder Linker (Streptavidin, Neutravidin, Fc-Rezeptoren wie Protein A / Protein G) findet in der Flusszelle, die im FIA-System integriert ist, statt.

Hierzu wird der mit einem carboxyfunktionalisierten Hydrogel (AMD_{+GA}, verschiedene Molmassen; DC-PEG, M_r 2.000; $DA\text{-}PEG_{+GA}$, M_r. 2000) beschichtete SAW Biosensor in die Flusszelle eingelegt und nach einem festgelegten Injektionsschema (Tab. 2-2) mit den für die kovalente Immobilisierung mittels Carbodiimid-Chemie notwendigen Chemikalien (siehe Anhang B) bespült. Das Prinzip dieser Methode wird in Kapitel 2.3.3 näher beschrieben. Mit einer Fließgeschwindigkeit von 30 µl/min wird der Trägerstrom (Phosphatpuffer, PBS) über den beschichteten Sensor geführt bis sich nach etwa 30 Minuten eine stabile Basislinie einstellt. In dieser Zeit können die notwendigen Chemikalien vorbereitet werden. Eine frisch hergestellte wässrige Lösung, die 0,2 M EDC und 50 mM NHS enthält, wird in die Probenschleife geladen. Während des ersten Injektionsintervalls, wird die Lösung mit dem zu immobilisierenden Fängermolekül oder Linker in der gewünschten Molarität (i. d. R. 1,8 µM) mit Acetatpuffer (pH 5) hergestellt und zum entsprechenden Zeitpunkt geladen. Eine bereits vorbereitete 1 M Ethanolaminlösung (pH 8,5) wird aus dem Tiefkühlschrank (-20°C) entnommen und aufgetaut. Die Injektion der Ethanolaminlösung schließt die kovalente Immobilisierung ab. Dazwischen sind in gleichmäßigen Intervallen Spülphasen mit Pufferlösung geschaltet (Tab. 2-2). Vier Minuten nach dem letzten Injektionsintervall wird die Fließgeschwindigkeit auf 50 µl/min eingestellt. Der Sensor wird für weitere 15 Minuten bei dieser Förderrate mit Puffer gespült.

Zeit [Min]	Modus	Chemikalie
vor 0	Laden	EDC/NHS
1-9	Injektion	
13-14	Laden	Fängermolekül bzw. Linker
17-25	Injektion	
29-30	Laden	Ethanolamin
33-41	Injektion	
45-60	Spülen (Förderrate: 50 µl/min)	PBS

Tab. 2-2: Injektionsschema für die kovalente online-Immobilisierung der Fängermoleküle oder Linker.

In Abb. 2-4 ist ein exemplarischer Kurvenverlauf einer „online“-Immobilisierung von b-BSA, das in einer Konzentration von 1,8 µM eingesetzt wurde, dargestellt. Die teilweise stark ausgeprägten Sensorsignale beruhen vorwiegend auf Leitfähigkeits- und Viskositätsänderungen, die auf die unterschiedliche Leitfähigkeit oder pH-Wert der eingesetzten Lösungen zurückzuführen sind (siehe Kapitel 1.3.4). Die verbleibende Frequenzänderung Δf, die sich beim anschließenden Spülen nach dem Deaktivierungsschritt mit Ethanolamin einstellt, ist auf die kovalente Bindung der Fängermoleküle an der Sensoroberfläche zurückzuführen und dient als Kontrolle für den Erfolg der Immobilisierung.

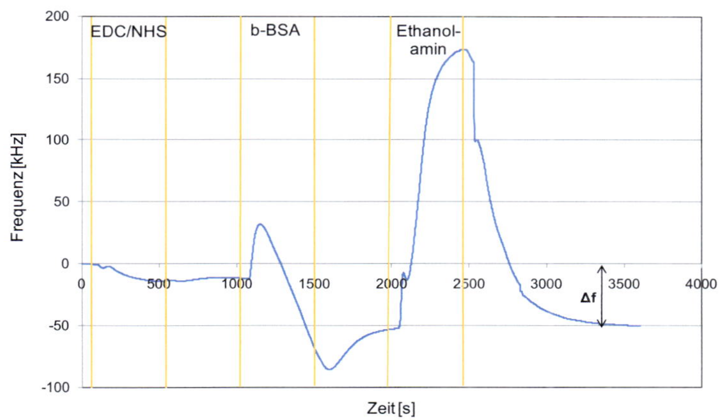

Abb. 2-4: Prinzip der Frequenzänderungen bei einer kovalenten online-Immobilisierung des Fängermoleküls b-BSA zum Nachweis von Streptavidin. Intermediäres Hydrogel: AMD_{+GA} (M_r 3.000); Fängermolekül: b-BSA ($c_{Lösung}$ = 1,8 µM).

Nach der jeweiligen Ankopplung der Bindungspartner oder der Linker wird die Abschirmungsqualität der Oberfläche und somit die Anwesenheit noch freier Bindungsstellen mittels Beprobung mit 1 mg/ml BSA getestet. Bei einer Fließgeschwindigkeit von 50 µl/min wird der Sensor nacheinander zuerst mit Puffer und dann mit BSA beprobt. Ist die Signalantwort vergleichbar mit einer Basislinie (d. h. es ist keine Frequenzänderung durch Beprobung detektierbar), so kann der SAW Biosensor für die Analytmessung verwendet werden.

Eine Abweichung der oben dargestellten online-Immobilisierung stellt die offline-Immobilisierung dar. Diese findet nicht in der Flusszelle statt, sondern wird mittels „stehender Lösungen“, d. h. einzelner Pipettier- und Spülschritte durchgeführt. Vorteil dieser Methode ist der Einsatz entsprechend längerer Inkubationszeiten (Tab. 2-3) und geringerer Volumina (50 µl statt mindestens 250 µl bei der online-Immobilisierung) der eingesetzten Chemikalien. Bei einer offline-Ankopplung wird der Sensor für 30 Minuten mit 1 mg/ml BSA geblockt. Nachteilig ist, dass die Bindung der einzelnen Komponenten, nicht mittels der bei der online-Immobilisierung gemessenen Frequenzänderungen überprüft werden kann. Die Signalantworten bei der anschließenden Analytbeprobung werden verglichen. Die Höhe der gemessenen Frequenzen erlaubt Rückschlüsse auf die Effektivität der verwendeten Immobilisierungsstrategien (siehe Kapitel 3).

Zeit online [min]	Zeit offline [min]	Chemikalie	Volumina online [µl]	Volumina offline [µl]
8	10	EDC/NHS	500	50
8	30 bis über Nacht	Fängermolekül bzw. Linker	250	50
8	10	Ethanolamin	500	50

Tab. 2-3: Vergleich der Inkubationszeiten und Volumina für die kovalente online- und offline-Immobilisierung der Fängermoleküle oder der Linker.

2.3.3.2 Affine Immobilisierung von Streptavidin und Neutravidin

Die Verwendung von carboxyfunktionalisierten Hydrogelen, wie mit Glutarsäureanhydrid umgesetztes Aminodextran (AMD_{+GA}) oder Dicarboxy-Polyethylenglykol (DC-PEG), ermöglicht die kovalente Immobilisierung der Fängermoleküle oder der Linker mittels NHS-Ester-Aktivierung (siehe Kapitel 1.4.4 und 2.3.3.1). Die Verwendung von Polyethylenglykol mit Biotin-Gruppen (AB-PEG) hingegen erlaubt eine hochaffine Anbindung von Biotin-bindenden Proteinen wie Streptavidin und Neutravidin. Diese kann online oder offline erfolgen. Hierbei unterscheiden sich dann nur die Inkubationszeiten (Tab. 2-4), die Volumina (online: 250 µl, offline: 50 µl) der eingesetzten Chemikalien und das Aufbringen „im Fluss" oder mittels „stehender Lösungen".

Zeit online [min]	Zeit offline [min]	Chemikalie		
4	30	Streptavidin bzw. Neutravidin		
4	30	-	-	biotinyliertes Protein A / biotinyliertes Protein G
4	30 bis über Nacht	-	biotinyliertes Fängermolekül (Antikörper)	Fängermolekül (Antikörper)

Tab. 2-4: Vergleich der Inkubationszeiten für die affine online- und offline-Immobilisierung von Streptavidin und Neutravidin auf AB-PEG.

Die Biotin-bindenden Proteine Streptavidin und Neutravidin werden im Rahmen dieser Arbeit sowohl als Fängermolekül selbst als auch als Linker eingesetzt. In Tab. 2-4 ist das Reaktionsschema für eine gerichtete Ankopplung der Fängermoleküle über ein System aus keinem, einem bzw. zwei Linkern dargestellt. Fungiert Streptavidin oder Neutravidin selbst als Fängermolekül für den Nachweis der Modellanalyten Biotin bzw. b-BSA, so ist die Ankopplung nach einem Schritt beendet. Streptavidin oder Neutravidin dienen über die Bindung an die Biotin-Gruppen des Hydrogels AB-PEG aber ebenso als Linker. Anschließend kann an die noch freien Biotin-Bindungsstellen des Streptavidins oder Neutravidins biotinylierte Fängermoleküle (z. B. biotinyliertes anti-TIMP-1 oder biotinyliertes anti-HER-2) oder ein weiterer Linker, der mit Biotin markiert ist (z. B. biotinyliertes Protein A / G), gekoppelt werden.

Der Test der Abschirmungsqualität der Oberfläche (online, 4 min) bzw. die Blockierung noch freier unspezifischer Bindungsstellen (offline, 30 min) nach der Ankopplung der einzelnen Komponenten wird analog zur kovalenten Immobilisierung mit 1 mg/ml BSA durchgeführt.

2.3.3.3 Offline-Immobilisierung der Liganden für Inhibierungsassays

Neben den bereits erwähnten Methoden spezifische Fängermoleküle (ohne oder mit Linkern) zum direkten Nachweis des Analyten an das intermediäre Hydrogel zu binden, wird in diesem Kapitel die kovalente offline-Immobilisierung der niedermolekularen Liganden d-Biotin bzw. Penicillin G auf der Sensoroberfläche zum indirekten Nachweis des Analyten d-Biotin bzw. Penicillin G beschrieben. Analyt und Ligand sind identisch und binden dementsprechend an denselben Bindungspartner (Fängermolekül). Bei einem Inhibierungsassay wird die Bindung der noch freien Fängermoleküle mit dem auf der Oberfläche befindlichen Liganden gemessen (siehe Kapitel 2.4.2 und 3.1.1.3).

Wie bereits beschrieben, wird hier ebenfalls mittels „stehender Lösungen", also einzelner aufeinanderfolgender Pipettier- und Spülschritte, gearbeitet. Auf mit AMD_{+GA} (M_r 3.000) beschichtete SAW Sensoren werden je 15 µl der Aktivierungslösung (2,3018 mg NHS, 3,75 µl Diisopropyl-carbodiimid/DIC, 16,3 µl Dimethylformamid/DMF) gegeben. Nach einer Inkubationszeit von zwei Stunden in einer mit DMF feucht gehaltenen Glasschale, werden die Sensoren mit DMF und bidestilliertem Wasser gespült und für eine Stunde an Luft getrocknet. Danach findet die Reaktion mit je 15 µl der hergestellten Ligandenlösung (d-Biotin in DMF bzw. Penicillin G in bidestilliertem Wasser) statt. Die Sensoren werden in einer mit dem verwendeten Lösungsmittel (DMF bzw. bidest. Wasser) feucht gehaltenen Glasschale über Nacht bei Raumtemperatur belassen. Nach Spülen mit dem Lösungsmittel und bidestilliertem Wasser werden die Sensoren durch Stickstoff getrocknet und wurden im Anschluss zur Messung verwendet oder bei 4°C im Exsikkator (mit Na_2SO_4) bis zu einer Woche gelagert. Die hier dargestellte Methode ist in Tab. 2-5 zusammengefasst.

Zeit offline [h]	Chemikalie
2	15 µl Aktivierungslösung
20	15 µl Ligandenlösung (d-Biotin in DMF bzw. Penicillin G in bidest. Wasser)

Tab. 2-5: Reaktionsschema für die kovalente offline-Immobilisierung der Liganden d-Biotin und Penicillin G.

2.4 Messprinzip und Auswertung

2.4.1 Direkter Nachweis der Analyten

In den vorangegangenen Kapiteln wurde das SAW Bauteil, das Einlegen des Sensors in die Flusszelle und deren Integration in ein FIA-System sowie die Oberflächenmodifikation, die das SAW Bauteil erst zu einem Biosensor macht, beschrieben. Anhand einer exemplarischen Affinitätsmessung, basierend auf der Streptavidin-Biotin-Bindung wird im Folgenden das

Messprinzip und die Auswertung der erhaltenen Daten erläutert. Die im Kapitel 3 dargestellten Ergebnisse sind auf diese Weise ermittelt worden.

Für den Nachweis von Streptavidin wird ein mit AMD_{+GA} (M_r 3.000) beschichteter SAW Sensor in die Flusszelle eingelegt. Nach Einstellen der Basislinie wird eine Lösung mit 1,8 µM b-BSA mittels kovalenter online-Immobilisierung an der Sensoroberfläche umgesetzt (siehe Kapitel 2.3.3.1). Für die Affinitätsmessung wird ein Volumenstrom von 50 µl/min eingestellt. Die Probe (0 (0,5; 1; 5; 10) µg/ml Streptavidin) wird jeweils für 4 Minuten über den Sensor geleitet (Probenvolumen je 250 µl). Ein allgemeines Injektionsschema ist in Tab. 2-6 dargestellt.

Zeit [min]	Modus	Analyt
vor 0 1-5	Laden Injektion	Probe 1 (hier: 0 µg/ml Streptavidin)
9-10 13-17	Laden Injektion	Probe 2 (hier: 0.5 µg/ml Streptavidin)
21-22 25-29	Laden Injektion	Probe 3 (hier: 1 µg/ml Streptavidin)
33-34 37-41	Laden Injektion	Probe 4 (hier: 5 µg/ml Streptavidin)
45-46 49-53	Laden Injektion	Probe 5 (hier: 10 µg/ml Streptavidin)

Tab. 2-6: Allgemeines Injektionsschema für den direkten Nachweis der Analyten. Dargestellt am Beispiel von Streptavidin (siehe Abb. 2-5).

Die spezifische Bindung des Analyten an der Oberfläche des SAW Biosensors mittels der Interaktion mit dem Fängermolekül wird zeitaufgelöst innerhalb des Injektionsintervalls als Frequenzänderung detektiert (Abb. 2-5 A). Zum besseren Vergleich der Signalanstiege bei den einzelnen Konzentrationen werden die aufgezeichneten Messwerte einer Konzentrationsreihe zur Auswertung einzelnen Rechenoperationen unterzogen:

(1) Zeitkorrektur: $t_0 = t_{(60\ Sekunden\ vor\ Injektion)}$

(2) Offsetkorrektur: $\Delta f\,(t) = \Delta f\,(t_0)$

(3) Driftkorrektur: Ermittlung der Steigung m über eine lineare Regression (Intervall: t_0 bis t_{60}) nach folgender Gleichung:

$$\Delta f(driftkorrigiert) = \Delta f(offsetkorrigiert) - m \cdot t(\Delta f) \qquad (2.1)$$

Δf Differenzfrequenz

m Steigung

t Zeit

Die auf diese Weise korrigierten Messwerte können daraufhin als einzelne Kurvendiagramme für je eine Analytkonzentration in einem Schaubild übereinander dargestellt werden (Abb. 2-5 B). In diesem Fall kann man erkennen, dass auf einem Sensor mit biotinyliertem BSA bei Beprobung mit Streptavidin eine Bindung stattfindet und somit auch eine zu messende Frequenzänderung ab einer Konzentration von 0,5 µg/ml Streptavidin detektierbar ist (Abb. 2-5 A). Des Weiteren ist anhand einer solchen Konzentrationsreihe die Kapazität der Sensorbelegung erkennbar. Nach der Beprobung mit 5 µg/ml Streptavidin findet bei der nächsthöheren Konzentration von 10 µg/ml Streptavidin keine weitere Signalerhöhung statt.

Die Reproduzierbarkeit der gemessenen Signale wird mittels Dreifachmessungen der einzelnen Konzentrationsreihen getestet. Zur Ermittlung der Signalhöhe wird die Differenz aus den arithmetischen Mitteln der driftkorrigierten Werte in den Zeiträumen 30 Sekunden nach ($\bar{x}_2$) und 30 Sekunden vor der Beprobung ($\bar{x}_1$) ermittelt (Abb. 2-5 B, dunkle Rechtecke). Die so ermittelten Signalhöhen von je drei Messreihen werden ebenfalls gemittelt und in einem Balkendiagramm dargestellt (Abb. 2-5 C). Die dargestellten Fehlerbalken entsprechen der errechneten Standardabweichung nach folgender Gleichung:

$$\sqrt{\frac{(x-\bar{x})^2}{n-1}}$$ mit n Stichprobenumfang und $\bar{x}$ Stichprobenmittelwert

Die hier exemplarisch an dem Affinitätssystem Streptavidin/b-BSA dargestellte Vorgehensweise zur Ermittlung und Auswertung der Daten wurde im Rahmen dieser Arbeit für alle direkten Analytnachweise verwendet. Hierzu gehört der direkte Nachweis der niedermolekularen Analyten d-Biotin und Penicillin G, sowie der Markerproteine für Brustkrebs (TIMP-1 und HER-2). Der Vergleich der erhaltenen Signalhöhen dient der Ermittlung der geeigneten Schicht-, Immobilisierungs- und Assayprotokolle. Auf Grund der erhaltenen Ergebnisse können Rückschlüsse auf Parameter wie Inkubationszeiten bei der Immobilisierung oder Konzentrationen der verwendeten Fängermoleküle bzw. Linker gezogen werden, um diese gegebenenfalls anzupassen.

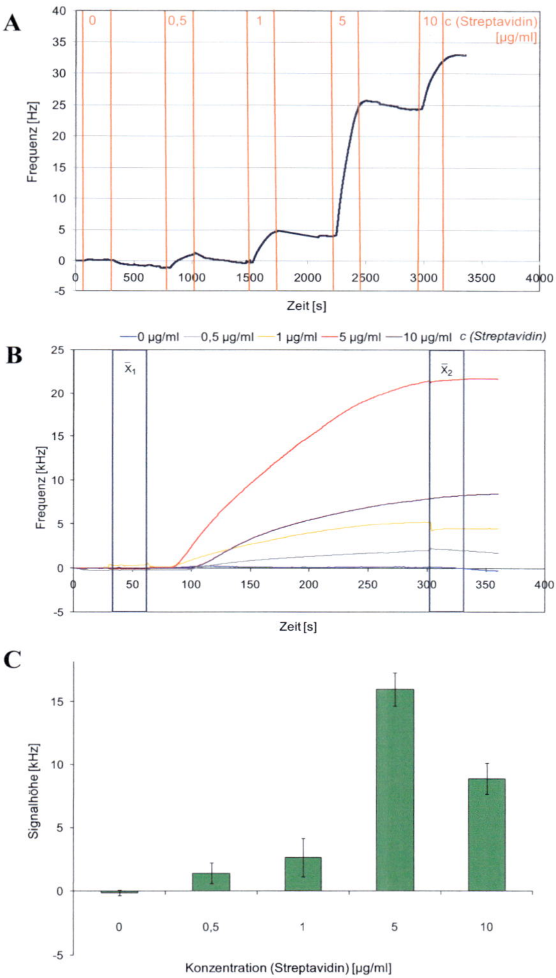

Abb. 2-5: Messprinzip und Auswertung dargestellt am Nachweis von Streptavidin. Kurvendiagramm der Konzentrationsreihe von 0 (0,5; 1; 5; 10) µg/ml Streptavidin auf b-BSA mit $c_{Lösung}$ = 1,8 µM (A). Frequenzänderungen der einzelnen Konzentrationen von Streptavidin (B). Die Signalhöhe wird ermittelt aus der Differenz der driftkorrigierten Werte 30 s nach ($\bar{x}_2$) und 30 s vor ($\bar{x}_1$) der Beprobung mit Streptavidin (C). Hydrogel: AMD$_{+GA}$ (*Mr* 3.000). Die Signalhöhen entsprechen dem Mittelwert aus je drei Messungen und die Fehlerbalken den Standardabweichungen.

2.4.2 Indirekter Nachweis der niedermolekularen Analyten

Für den Nachweis der niedermolekularen Analyten d-Biotin und Penicillin G wird ein Inhibierungsassay verwendet. Hierzu werden die Liganden (d-Biotin bzw. Penicillin G) in bestimmten Konzentrationen auf mit AMD_{+GA} (M_r 3.000) beschichteten SAW Sensoren, nach der in Kapitel 2.3.3.3 beschriebenen Methode offline immobilisiert. Die Probe besteht aus einer Mischung von je 10 µg/ml des jeweils spezifischen Antikörpers (anti-Biotin bzw. anti-Penicillin) und unterschiedlicher Konzentrationen des dazugehörigen Analyten (d-Biotin bzw. Penicillin G). Diese Mischung wird für zwei Stunden bei Raumtemperatur inkubiert, um die Bindung des Antikörper-Antigen-Komplexes zu ermöglichen. Die Beprobung des so vorbereiteten SAW Biosensors erfolgt analog dem Injektionsschema aus Tab. 2-6. Nach Einlegen des mit dem Liganden immobilisierten Sensors wird die Probe für eine Injektionszeit von 4 min bei 50 µl/min Fließgeschwindigkeit über den Sensor geführt. Die Signalhöhen sind analog zu dem vorab beschriebenen Vorgehen (siehe Kapitel 2.4.1 und Abb 2-5 B, C) ermittelt und verglichen worden. Im Unterschied zu den Affinitätsmessungen, bei denen eine Konzentrationsreihe über den Sensor geführt wird, muss hier für jede Probe ein neuer SAW Biosensor mit gekoppeltenm Ligand verwendet werden. Jene Probe, die nur den Antikörper enthält, dient als Referenz oder Nullprobe und ergibt bei Beprobung das höchste Signal. Mit steigender Analytkonzentration verbleiben immer weniger freie Antikörper in der Probe, die mit dem auf der Sensoroberfläche befindlichen Liganden interagieren können, und somit sinkt das Signal.

3 Ergebnisse

Im folgenden Kapitel werden die Ergebnisse zum Nachweis niedermolekularer Analyten und Markerproteine für Brustkrebs mittels SAW Biosensoren dargestellt. Die einzelnen Protokolle zur Oberflächenfunktionalisierung sind in Kapitel 2 detailliert beschrieben. Veränderungen der dort genannten Parameter (z. B. eingesetzte Konzentrationen der Chemikalien oder Inkubationszeiten) werden an entsprechender Stelle erwähnt.

3.1 Nachweis niedermolekularer Analyten

In diesem Kapitel wird der Frage nachgegangen, ob es möglich ist niedermolekulare Analyten markierungsfrei und direkt mit dem in Kapitel 2 dargestellten SAW Biosensor über die Wahl einer geeigneten Oberflächenmodifizierung nachzuweisen. Aus Kostengründen wird vorab die prinzipielle Machbarkeit mittels eines niedermolekularen Modellanalyten, d-Biotin, exemplarisch überprüft. Die hierbei gewonnen Erkenntnisse hinsichtlich der Wahl des Beschichtungssystems, des Fängermoleküls und des Assayformats sollen auf eine praxisnahe und medizinisch relevante Anwendung, dem Nachweis des Antibiotikums Penicillin, übertragen werden.

3.1.1 Nachweis des Modellanalyten d-Biotin

Die niedermolekulare Substanz d-Biotin oder Vitamin H (M_r 244) ist kommerziell erhältlich und kann sowohl mit Streptavidin als auch über einen spezifischen Antikörper binden. Dieses Modellsystem erlaubt die Entwicklung von Beschichtungs- und Immobilisierungsprotokollen und die Ermittlung des geeigneten Assayformats für den exemplarischen Nachweis eines niedermolekularen Analyten mit dem SAW Biosensor. Im Folgenden werden die hierbei ermittelten Signalhöhen durch die Bindung von Fängermolekül und Analyt beruhend auf der Wahl des Beschichtungssystems, des Bindungspartners und des Assayformats dargestellt.

3.1.1.1 Wahl des Beschichtungssystems

Ein direkter und markierungsfreier Nachweis höhermolekularer Analyten (M_r > 20.000) konnte mit dem SAW Biosensor bereits mit unterschiedlichen Affinitätssystemen gezeigt werden [Län2008b; Gru2009; Län2009b]. Hierzu wurden für die Beschichtung der SAW Bauteile dreidimensionale (Aminodextran, AMD_{+GA}, mit M_r 3.000, 10.000, 40.000, 70.000, 500.000) und zweidimensionale (Diamino-Polyethylenglykol, $DA\text{-}PEG_{+GA}$, oder Dicarboxy-Polyethylenglycol, DC-PEG, mit je M_r 2.000) Hydrogele verwendet. Für alle Messungen wurden die Fängermoleküle mittels Carbodiimid-Chemie an den carboxyfunktionalisierten Hydrogelen kovalent gebunden (siehe Kapitel 2.3.3.1). Es konnte gezeigt werden, dass die Wahl des Hydrogels auf Grund des strukturellen Aufbaus der Schicht in Abhängigkeit von der Molmasse der beteiligten Bindungspartner und Analyten die Signalantwort des SAW Biosensors beeinflusst [Län2008b; Län2009b]. Aus diesem Grund müssen Beschichtungssysteme jeweils anwendungsspezifisch überprüft werden.

Zur Evaluierung des geeigneten Hydrogels für einen direkten Nachweis von d-Biotin wurden die erwähnten Hydrogele verwendet und das Fängermolekül Streptavidin ($c_{Lösung}$ = 1,8 µM) daran kovalent gekoppelt. Die Abschirmungsqualität der Oberfläche wurde mittels Beprobung mit 1 mg/ml BSA getestet. Bei jenen Sensoren, deren Frequenzänderungen einer Basislinie entsprachen, konnte im Anschluss die Beprobung mit einer Konzentrationsreihe von d-Biotin (0 (0.1; 1) µg/ml in PBS) stattfinden (siehe Kapitel 2.4.1).

Die Ergebnisse sind in Abb. 3-1 dargestellt. Wie aus dem Diagramm ersichtlich wird, liegen die Signalhöhen, im Bereich von maximal 2 kHz und sind damit sehr niedrig. Des Weiteren sind Schwankungen und Vorzeichenwechsel innerhalb einer Konzentrationsreihe erkennbar, die z. T. auf Drifteffekte, insbesondere für 0 µg/ml d-Biotin, zurückzuführen sind.

Die Messschwankungen, die bei den Hydrogelen DC-PEG und $DA\text{-}PEG_{+GA}$ zu beobachten waren, entstanden vermutlich durch suboptimale Beschichtungsprotokolle, die zu einer schlecht reproduzierbaren Oberflächenqualität geführt haben. Für den Nachweis von d-Biotin wurde DC-PEG noch nicht mittels Schmelzprozess (siehe Kapitel 2.3.2 und [Mat2009]) aufgebracht, sondern über den Einsatz wässriger Hydrogellösung bei Raumtemperatur. In den folgenden Versuchsreihen zum Nachweis von d-Biotin wurde deshalb DC-PEG (M_r 2.000) nicht mehr für die Evaluierung verwendet.

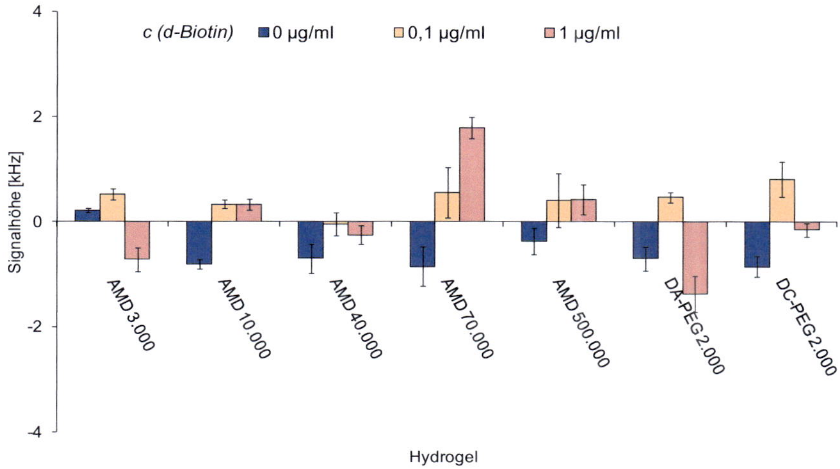

Abb.3-1: Nachweis von d-Biotin auf verschiedenen Hydrogelen. Fängermolekül: Streptavidin ($c_{Lösung}$ = 1,8 µM); Hydrogel-Einwaage: je 2 mg/ml. AMD_{+GA} bzw. $DA\text{-}PEG_{+GA}$ werden im Diagramm vereinfacht mit AMD bzw. DA-PEG bezeichnet. Die Signalhöhen entsprechen dem Mittelwert aus je drei Messungen und die Fehlerbalken den Standardabweichungen.

Mit dem Hydrogel AMD_{+GA} (M_r 70.000) konnte bei einer Beprobung mit 1 µg/ml d-Biotin reproduzierbare Signale von knapp 2 kHz erzielt werden. Die Verwendung von carboxyfunktionalisierten Aminodextranen mit niedrigeren oder höheren Molmassen hingegen ergab keine signifikanten Freuenzänderungen. Dies lässt den Schluss zu, dass ein Hydrogel, basierend auf carboxyfunktionalisiertem AMD mit einer mittleren Molmasse von M_r 70.000, Potential für einen direkten und markierungsfreien Nachweis von 1 µg/ml d-Biotin bietet.

In einem zweiten Ansatz wurden über eine Erhöhung der Einwaage von 2 mg/ml auf 10 mg/ml des jeweiligen Hydrogels bei der Beschichtung der SAW Sensoren die Schichtdicke und somit auch der Umsetzungsgrad von Amino- in Carboxygruppen erhöht (Tab. 3-1). Im Idealfall sollte es auf diese Weise möglich werden mehr Fängermoleküle über die höhere Anzahl an funktionellen Gruppen auf der Oberfläche zu koppeln und somit mehr Bindungsstellen für den Analyten zur Verfügung zu stellen. Die Kopplung des Fängermoleküls (Streptavidin mit $c_{Lösung}$ = 1,8 µM) findet weiterhin mittels NHS-Ester-Aktivierung statt.

Ansätze			#1	#2	#1	#2	#1	#2
Hydrogel	Molmasse [g/mol]	Anteil NH_2 bzw. COOH [mol/mol]	*c(Hydrogel)* bei Umsetzung [mg/ml] = [g/l]		*c(Hydrogel)* bei Umsetzung [mM] = [mmol/l]		*c(NH2)* bzw. *c(COOH)* bei Umsetzung [M] = [mol/l]	
AMD_{+GA}	3.000	1,7	2	10	0,667	3,333	1,133	5,667
AMD_{+GA}	10.000	3,3	2	10	0,200	1,000	0,660	3,300
AMD_{+GA}	40.000	8	2	10	0,050	0,250	0,400	2
AMD_{+GA}	70.000	16	2	10	0,029	0,143	0,457	2,286
AMD_{+GA}	500.000	98	2	10	0,004	0,020	0,392	1,960
$DA\text{-}PEG_{+GA}$	2.000	2	2	10	1	5	2	10
DC-PEG	2.000	2	2	-	1	-	2	-

Tab. 3-1: Umsetzungsgrad funktionellen Gruppen carboxyfunktionalisierter Hydrogele bei einer Einwaage von 2 mg/ml (Ansatz 1, rot) bzw. 10 mg/ml (Ansatz 2, blau).

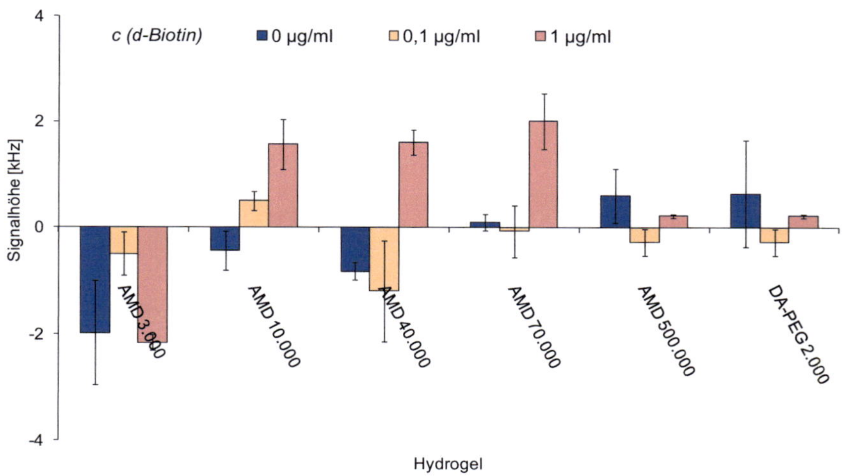

Abb.3-2: Nachweis von d-Biotin auf verschiedenen Hydrogelen. Fängermolekül: Streptavidin ($c_{Lösung}$ = 1,8 µM); Hydrogel-Einwaage: je 10 mg/ml. AMD_{+GA} bzw. $DA\text{-}PEG_{+GA}$ werden im Diagramm vereinfacht mit AMD bzw. DA-PEG bezeichnet. Die Signalhöhen entsprechen dem Mittelwert aus je drei Messungen und die Fehlerbalken den Standardabweichungen.

Die Ergebnisse in Abb. 3-2 haben gezeigt, dass mit AMD_{+GA} mittlerer Molmasse (M_r 10.000, 40.000 und 70.000) beschichtete SAW Sensoren sich für einen Nachweis von 1 µg/ml d-Biotin eignen (Abb. 3-2). Dennoch kann über eine erhöhte Einwaage des Hydrogels und eine damit beabsichtigte Erhöhung an gebundenen Fängermolekülen für den anschließenden Nachweis von d-Biotin keine Verbesserung der Signalhöhen erzielt werden, die weiterhin bei maximal 2 kHz liegen. Des Weiteren eignet sich $DA\text{-}PEG_{+GA}$ auch bei einer höheren Hydrogeleinwaage nicht für den Nachweis von d-Biotin. Die mit Ansatz 1 erhaltenen Ergebnisse (Abb. 3-1) für AMD_{+GA} mit mittleren Molmassen und einem ebenfalls mittlerem Umsetzungsgrad der funktionellen Gruppen zum direkten Nachweis von d-Biotin konnten bestätigt werden.

3.1.1.2 Wahl des Fängermoleküls

Die Erhöhung der Hydrogel-Einwaage und der damit verbundenen Anzahl der funktionellen Gruppen sollte die Ankopplungseffizienz für die Fängermoleküle auf der Oberfläche erhöhen, um ausreichend Bindungsstellen für den Analyten zu bieten. Die somit im Idealfall erhöhte Bindungswahrscheinlichkeit des niedermolekularen d-Biotins sollte den Einfluss der Massezunahme und Viskoelastizität der Schicht so weit verstärken, dass eine signifikante Frequenzänderung erzielt werden kann. Teilweise konnte dies erreicht werden (siehe Kapitel 3.1.1.1).

Um die Anzahl der Bindungsstellen für den Analyten auf der Oberfläche zu erhöhen wurde in einem weiteren Ansatz die Fängermolekülkonzentration in der eingesetzten Immobilisierungslösung verdoppelt ($c_{Lösung}$ = 3,6 µM statt 1,8 µM Streptavidin). Streptavidin wurde auf AMD_{+GA} (M_r 70.000; Einwaage: 2 mg/ml) kovalent gebunden. Bei der anschließenden Beprobung mit d-Biotin (0 (0,1; 1) µg/ml) konnte jedoch keine Signalerhöhung erzielt werden (Daten hier nicht gezeigt).

Obwohl das Fängermolekül Streptavidin eine hohe Affinität zu Biotin besitzt und über vier Bindungsstellen mit dem Analyt interagieren kann, ist dieser Bindungspartner aber eben nur für den Nachweis von d-Biotin geeignet. Die bekannteste Methode einen Analyt nachzuweisen beruht jedoch auf der Bindung mit einem Antikörper. Deshalb stellt sich die Frage, inwieweit der Einsatz eines spezifischen Antikörpers Einfluss auf die Signalantwort beim anschließenden d-Biotin-Nachweis hat. So wurde ein monoklonaler IgG-Antikörper gegen d-Biotin, anti-Biotin verwendet (siehe Anhang B). Die Antikörper-Antigen-Bindung wurde vorab mit dem höhermolekularen BSA (M_r 60.000), das mit Biotin markiert ist (b-BSA), überprüft. Die kovalente Ankopplung von anti-Biotin auf AMD_{+GA} (M_r 3.000) ermöglichte einen Nachweis ab 1 µg/ml b-BSA (siehe Abb. 3-14). So konnte anti-Biotin ($c_{Lösung}$ = 1,8 µM) hier für den Nachweis von d-Biotin verwendet werden und ebenso wie Streptavidin, auf verschiedenen Hydrogelen mittels Carbodiimid-Methode immobilisiert werden. Für diese Versuchsreihe wurden nur carboxyfunktionalisierte Aminodextrane mit unterschiedlichen Molmassen verwendet, da sich die PEGs für den Nachweis des Modell-ananlyten d-Biotin als ungeeignet herausgestellt haben (siehe Abb. 3-1 und 3-2).

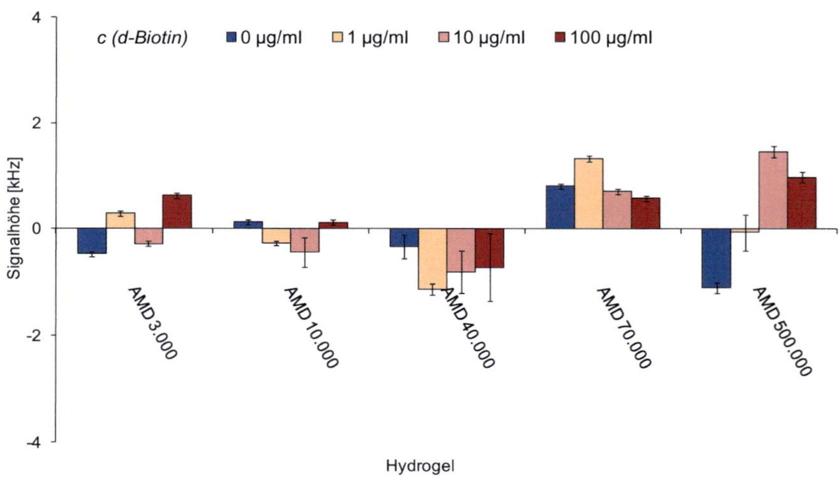

Abb.3-3: Nachweis von d-Biotin auf verschiedenen Hydrogelen. Fängermolekül: anti-Biotin ($c_{Lösung}$ = 1,8 µM); Hydrogel-Einwaage: je 2 mg/ml. AMD_{+GA} wird im Diagramm vereinfacht mit AMD bezeichnet. Die Signalhöhen entsprechen dem Mittelwert aus je drei Messungen und die Fehlerbalken den Standardabweichungen.

Die Signalhöhen sind auch bei dieser Versuchsreihe unterhalb von 2 kHz geblieben (Abb. 3-3). Auf Grund der z. T. fast gleich hohen Frequenzänderungen bei der Nullprobe (enthält nur PBS-Puffer), die auf Drifteffekte zurückzuführen sind, wie z. B. bei AMD_{+GA} (M_r 70.000) lassen sich nur schwerlich eindeutige Aussagen treffen. Die Verwendung des spezifischen Antikörpers gegen d-Biotin führte jedoch nicht zu höheren Signalen und ermöglichte somit auch keinen signifikanten Nachweis von d-Biotin bis zu einer Konzentration von 100 µg/ml.

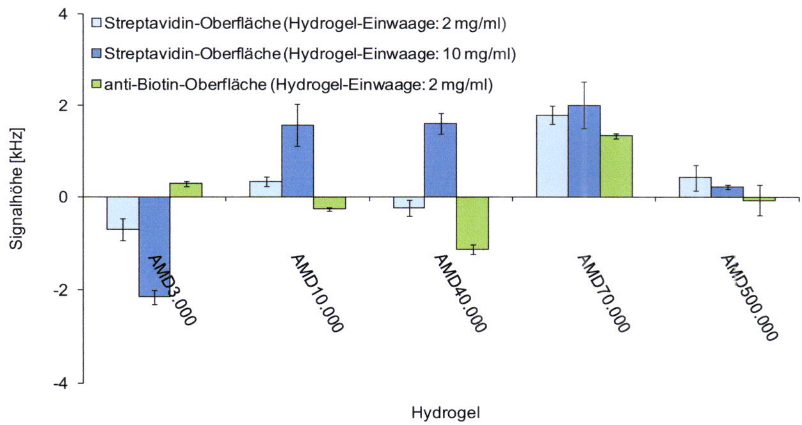

Abb.3-4: Nachweis von d-Biotin auf verschiedenen Fängermolekülen und AMD_{+GA}-Hydrogelen. Vergleich der Signalhöhen bei einer Beprobung von 1 µg/ml d-Biotin mit den beiden verwendeten Fängermolekülen Streptavidin (Blautöne) und anti-Biotin (grün) auf Hydrogelen verschiedener Molmassen und unterschiedlicher Mengen reaktiver Gruppen. AMD_{+GA} wird im Diagramm vereinfacht mit AMD bezeichnet. Die Signalhöhen entsprechen dem Mittelwert aus je drei Messungen und die Fehlerbalken den Standardabweichungen.

Ein Vergleich der Ergebnisse, die für den direkten Nachweis von 1 µg/ml d-Biotin mit den Fängermolekülen Streptavidin bzw. anti-Biotin (jeweils kovalent gebunden an AMD_{+GA} unterschiedlicher Molmassen) erzielt wurden, ist in Abb. 3-4 dargestellt. Die Bindung von d-Biotin mit Streptavidin ergab nur auf AMD_{+GA} mit M_r 70.000 einen erkennbaren Signalanstieg (Abb. 3-4, hellblau). Die Erhöhung der Hydrogel-Einwaage ermöglichte mit dem gleichen Fängermolekül ebenfalls einen Nachweis von d-Biotin auf AMD_{+GA} mit M_r 10.000, 40.000 und 70.000 (Abb. 3-4, dunkelblau). Die Signalhöhen auf AMD_{+GA} (M_r 3.000) und

Streptavidin als Fängermolekül (Abb. 3-4, dunkelblau) können nicht als signifikante Signale gewertet werden, da die Nullprobe (nur PBS) auf Grund von Drifteffekten ebenfalls sehr hoch ausgefallen ist (Abb. 3-2). Der Einsatz des spezifischen Antikörpers anti-Biotin ermöglichte, ebenso wie bei Streptavidin, nur auf AMD_{+GA} (M_r 70.000) einen Nachweis von d-Biotin (Abb. 3-4, grün). Die Signalhöhe ist jedoch etwas geringer, verglichen mit der Signalhöhe bei Bindung über Streptavidin (Abb. 3-3).

3.1.1.3 Wahl des Assayformats

Der niedermolekulare Analyt d-Biotin konnte mittels der Fängermoleküle Streptavidin und anti-Biotin erst ab einer Konzentration von 1 µg/ml direkt nachgewiesen werden. Relevante Konzentrationsbereiche von Verbindungen wie Hormonen, Antibiotika oder anderen Pharmaka liegen jedoch bei wenigen Nanogramm pro Milliliter.

Markierungsfreie und direkte Analyseverfahren werden auf Grund der Kosten- und Zeitersparnis bevorzugt. Wenn jedoch diese Methoden zu Ungunsten der Sensitivität gehen, so sollte über eine Alternative mit geringem zusätzlichem Aufwand nachgedacht werden. Im Rahmen dieser Arbeit standen für den Nachweis mit dem SAW Biosensor folgende drei Möglichkeiten zur Verfügung (Abb. 3-5):

(1) *Markierung mit einem Partikel (z. B. aus Gold)*: Ein zweites Fängermolekül ist an den Partikeln immobilisiert und kann den niedermolekularen Analyten spezifisch binden. Der Komplex [Partikel – immobilisiertes sekundäres Fängermolekül – Analyt] kann dann an den primären Fängermolekülen, die an der Sensoroberfläche gekoppelt sind, über eine zweite Bindungsstelle des Analyten binden. Nachgewiesen wird hierbei der gesamte Komplex (Abb. 3-5, 1).

(2) *Sandwich-Assay*: Hierzu wird der Analyt mit dem sekundären Fängermolekül vorinkubiert. Der Komplex [sekundäres Fängermolekül – Analyt] interagiert dann über die zweite Analytbindungsstelle mit dem primären Fängermolekül, das auf der Sensoroberfläche gebunden ist. Nachgewiesen wird in diesem Fall der gesamte Komplex (Abb. 3-5, 2a). Alternativ kann der Analyt zuerst an die primären Fängermoleküle, die auf der Oberfläche gekoppelt sind, binden. Der Nachweis wird über die Bindung des sekundären Fängermoleküls ermöglicht (Abb. 3-5, 2b).

(3) *Inhibierungsassay*: Hierzu wird der Analyt mit dem primären Fängermolekül vorinkubiert. Die gebundenen Fängermoleküle können dann ihrerseits keine Bindung mehr mit den auf der Sensoroberfläche befindlichen Liganden (= Analyt) eingehen. Es wird dementsprechend die Bindung der freien Antikörper mit dem auf der Oberfläche befindlichen Liganden als Frequenzänderung gemessen. Die Analytkonzentration in der Probe wird somit indirekt ermittelt (Abb. 3-5, 3).

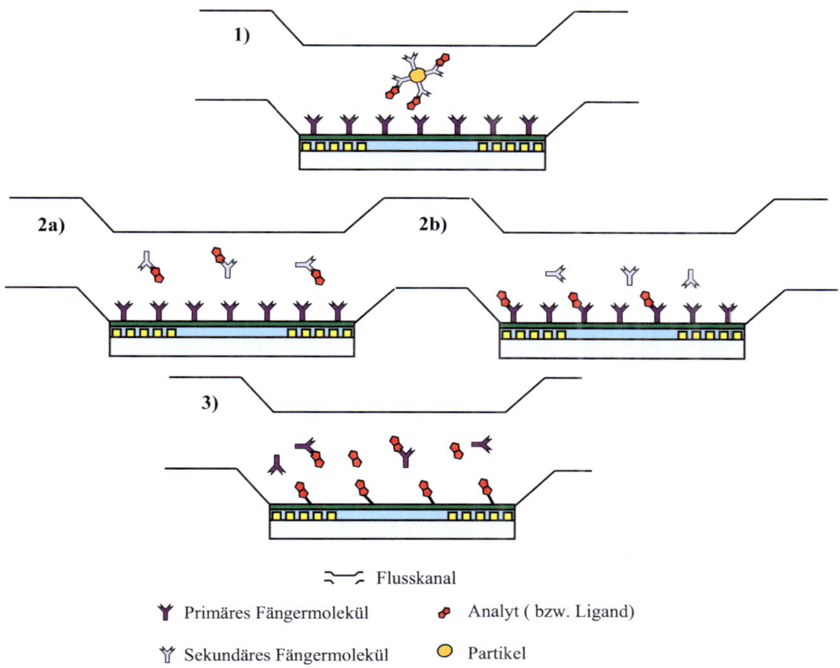

Abb.3-5: Vergleich verschiedener Assayformate (schematisch dargestellt). Eine direkte, aber nicht markierungsfreie Detektion ist über die Massebeladung mit Partikeln (1) oder mittels Sandwichassay über ein sekundäres Fängermolekül (2a und 2b) möglich. Indirekt, aber markierungsfrei, kann der Analytnachweis mittels Inhibierungsassay erfolgen (3).

Assayformat (1) hat den Nachteil, dass sekundäre Fängermoleküle, die zusätzlich an einen Partikel gebunden sind, eingesetzt werden müssen. Somit ist dieser Assay kostenintensiv bzw. mit relativ hohem präparativen Aufwand versehen, da die Markierung mit den Partikeln vorab im Labor erfolgen muss. Aus diesen Gründen wurde im Rahmen der vorliegenden Arbeit Assay (1) nicht verwendet.

Die Markierung mittels sekundären Fängermoleküls in einem Sandwich-Assay hat den Vorteil, dass kein zusätzlicher Modifikationsschritt notwendig ist im Vergleich zu einem Nachweis mit Partikel-Markierung. Voraussetzung für diesen Assay sind Bindungspartner, die jeweils an verschiedenen Stellen des Analyten binden können. Hierzu wurde in diesem Fall nicht mit Primär- und Sekundär-Antikörper gearbeitet, wie dies bei ELISAs üblich ist, sondern Streptavidin und anti-Biotin als Bindungspartner für d-Biotin verwendet.

Für diesen Ansatz wurde entweder Streptavidin oder anti-Biotin jeweils an einen mit AMD_{+GA} (M_r 3.000 bis 500.000, Einwaage: 2 mg/ml) beschichteten SAW Sensor kovalent gebunden. Der jeweils andere Bindungspartner für d-Biotin wird dann zur Markierung (Massebeladung) von d-Biotin über Vorinkubation eingesetzt. Der entstandene Komplex aus zweitem Bindungspartner und d-Biotin bindet an den auf der Sensoroberfläche befindlichen ersten Bindungspartner (Abb. 3-5, 2a). Bei einem zweiten Ansatz folgt nach Erstbindung von d-Biotin an den auf der Oberfläche befindlichen ersten Bindungspartner der Nachweis durch die Beprobung mit dem zweiten Bindungspartner (Abb. 3-5, 2b). In beiden Fällen und auf allen verwendeten carboxyfunktionalisierten Aminodextranen konnte keine signifikante Frequenzänderung nach Bindung des Komplexes (2a) bzw. des zweiten Bindungspartners (2b) bis zu einer Konzentration von 1 µg/ml d-Biotin detektiert werden (Daten hier nicht dargestellt). Ein Sandwich-Assay ermöglicht demnach mit dem SAW Biosensor nicht den Nachweis von d-Biotin. Hieraus lässt sich auch schließen, dass ein Versuch mittels Partikel-Markierung (Abb. 3-5, 1), die auf einem ähnlichen Prinzip (Nachweis mittels eines zweiten Bindungspartners) beruht, nicht zum gewünschten Erfolg führen würde.

Eine einfache und kostengünstige Alternative, die zudem markierungsfrei und unter Einsatz eines einzigen Bindungspartners abläuft, ist der Inhibierungsassay (Abb. 3-5, 3). Hierzu befindet sich d-Biotin einerseits als Ligand gekoppelt auf der Sensoroberfläche und andererseits als Analyt in der Probe, die mit dem Fängermolekül (hier: anti-Biotin) vorinkubiert wird. Die mit d-Biotin gebundenen Antikörper in der Probe stehen für eine Interaktion mit dem Liganden nicht mehr zur Verfügung. Je mehr d-Biotin in der Probe ist, desto mehr Fängermoleküle können gebunden werden. Die Signalhöhen bei der anschließenden Messung mit dem SAW Biosensor werden dementsprechend geringer.
Für einen indirekten Inhibierungsassay ist die Signalhöhe der „Nullprobe“, die in diesem Fall nur den Antikörper enthält, entscheidend. Die Bindung des Fängermoleküls mit dem Liganden auf der Oberfläche wird als Frequenzänderung gemessen. Mit der „Nullprobe“ muss dementsprechend eine signifikante Signalhöhe gemessen werden können, um die

Unterschiede durch die Bindung des Analyten und der Fängermoleküle und des daraus resultierenden geringeren Signals, feststellen zu können. Aus diesem Grund wurden vorab die Signalhöhen bei der Bindung von anti-Biotin mit auf der Oberfläche kovalent gebundenem d-Biotin ermittelt. Hierzu wurden verschiedene Konzentrationen von d-Biotin (bis zur Löslichkeitsgrenze) zur Immobilisierung eingesetzt ($c_{Lösung}$: 0 (0,5; 1; 3; 7) mM). Die Immobilisierung von d-Biotin findet auf mit AMD_{+GA} (M_r 3.000) beschichteten SAW Sensoren statt, da in Vorversuchen (Vergleich unterschiedlicher Molmassen) dieses Hydrogel für die Testreihe als geeignet ermittelt worden ist. Denn im Gegensatz zu den bisherigen Messungen zum Nachweis des niedermolekularen Analyten d-Biotin, wurde hier ein hochmolekularer Analyt (M_r 150.000), der Antikörper anti-Biotin, nachgewiesen.

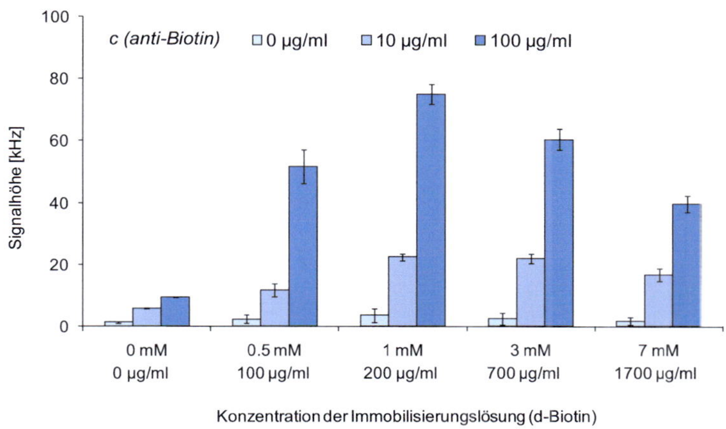

Abb.3-6: Signalhöhe von anti-Biotin auf d-Biotin-Oberfläche. Hydrogel: AMD_{+GA} (M_r 3.000). Die Signalhöhen entsprechen dem Mittelwert aus je drei Messungen und die Fehlerbalken den Standardabweichungen.

Die Ergebnisse, die auf der Bindung von anti-Biotin mit d-Biotin auf der Oberfläche beruhen sind in Abb. 3-6 dargestellt. Hieraus wird erkennbar, dass sowohl mit 10 µg/ml als auch mit 100 µg/ml anti-Biotin ein Signalmaximum bei einer eingesetzten Ligandenkonzentration von 1 mM (200 µg/ml) d-Biotin erzielt wurde. Der Einsatz von niedrigeren oder höheren d-Biotin-Konzentrationen ergab bei der Beprobung mit dem Antikörper geringere Signalhöhen. Die optimale Ligandenkonzentration zum Erreichen einer maximalen Signalhöhe liegt, beruhend auf diesen Ergebnissen, bei 1 mM d-Biotin.

Für den nun folgenden Inhibierungsassay wurde dementsprechend d-Biotin als Ligand in einer Konzentration von 200 µg/ml (1 mM) eingesetzt und an SAW Sensoren (AMD_{+GA}, M_r 3.000) kovalent gebunden. Für die Proben wird d-Biotin als Analyt in den Konzentrationen 0 (0.01; 0.1; 1) µg/ml eingesetzt und mit jeweils 10 µg/ml anti-Biotin in PBS für zwei Stunden bei Raumtemperatur inkubiert. Für die Messung wird die Probe dann über den vorbereiteten SAW Biosensor geführt (siehe Kapitel 3.3.3.3).

Die Ergebnisse sind in Abb. 3-7 dargestellt. Es konnte eine Abnahme der Signale bei steigender Analytkonzentration im Vergleich zur „Nullprobe" beobachtet werden. Die Unterscheidung von 0,1 und 1 µg/ml ist anhand der Signalhöhe und der hierbei ermittelten zu hohen Standardabweichungen nicht möglich. Es ist zu vermuten, dass die Antikörper mit 0,1 µg/ml d-Biotin bereits ausreichend inhibiert sind und es somit keinen messbaren Unterschied zu den Frequenzänderungen durch den Einsatz von 1 µg/ml gibt. Hieraus wird ersichtlich, dass prinzipiell ein Nachweis von 0,01 µg/ml d-Biotin mittels Inhibierungsassay möglich ist.

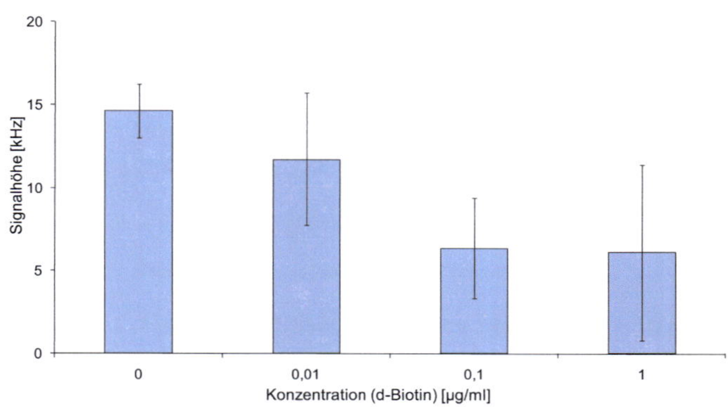

Abb.3-7: Inhibierungsassay auf d-Biotin-Oberfläche. Es wurden die Signalhöhen der Probe aus je 10 µg/ml anti-Biotin mit 0/ 0,01 / 0,1 / 1 µg/ml d-Biotin ermittelt. Hydrogel: AMD_{+GA} (M_r 3.000). $c_{Ligandlösung}$ = 200 µg/ml (1 mM) d-Biotin. Die Signalhöhen entsprechen dem Mittelwert aus je drei Messungen und die Fehlerbalken den Standardabweichungen.

In einer weiteren Messreihe müssten nun die Signalhöhen mit noch niedrigeren Konzentrationen (0,001 µg/ml) d-Biotin ermittelt werden, um zu testen, in wieweit hier noch eine Unterscheidung zur „Nullprobe" in der Signalhöhe erkennbar ist. Dies war im zeitlichen Rahmen der vorliegenden Arbeit nicht mehr möglich.

Der niedermolekulare Modellanalyt d-Biotin konnte direkt und markierungsfrei nur unter der Verwendung von AMD_{+GA}-Hydrogelen mit M_r 10.000, 40.000 und 70.000 (siehe Kapitel 3.1.1.1 und 3.1.1.2) ab einer Konzentration von 1 µg/ml mit dem SAW Biosensor nachgewiesen werden. Mit einem indirekten, aber dennoch markierungsfreien Inhibierungsassay war es möglich d-Biotin in einer Konzentration von 0,01 µg/ml zu detektieren (siehe Kapitel 3.1.1.3).

Die gewonnen Erkenntnisse sollten auf eine praxisnahe Anwendung übertragen werden. Der Modellanalyt d-Biotin stellt mit einer Molmasse von 244 g/mol eine sehr niedermolekulare Verbindung dar. Es könnte möglich sein, dass kleinste Veränderungen der Molmasse des Analyten (von etwa 100 g/mol) einen markierungsfreien und direkten Nachweis mittels SAW Biosensor erlauben. Dieser Frage soll im Folgenden anhand der Detektion des Antibiotikums Penicillin nachgegangen werden.

3.1.2 Nachweis von Penicillin G als praxisnahe Anwendung

Das ß-Laktam-Antibiotikum Penicillin G muss in der Lebensmittelanalytik wegen der von der EU festgelegten Nachweisgrenze für Antibiotikarückstände und in der Humanmedizin (hierbei vor allem die Depot-Penicilline) zu Kontrollzwecken nachgewiesen werden (siehe Kapitel 1.5.3). Während in der Veterinärmedizin vorwiegend Penicillin G eingesetzt wird, werden in der Humanmedizin des Weiteren sogenannte Depot-Penicilline zur Behandlung bestimmter Krankheiten gegeben. Die im Rahmen dieser Arbeit verwendeten Analyten sind daher Penicillin G (334 g/mol) und die Depot-Penicilline Procain- (589 g/mol) und Benzathin-Penicillin G (909 g/mol). Mit diesen drei Penicillinarten kann ein relativ breites molekulares Spektrum innerhalb niedermolekularer Verbindungen abgedeckt werden, die auf Grund ihrer gemeinsamen chemischen Grundstruktur (siehe Abb. 1-10) mit dem gleichen Bindungspartner interagieren können. Im Folgenden wird der Einfluss der gewählten Beschichtungssysteme, der Bindungspartner und des Assayformats hinsichtlich der resultierenden Signalhöhen beim Penicillin-Nachweis untersucht[2].

[2] Ein Teil dieser Arbeiten wurde im Rahmen der Diplomarbeit von N. Neubauer durchgeführt, die in dieser Doktorarbeit betreut wurde [Neu2009]. Es wird an entsprechender Stelle darauf hingewiesen.

3.1.2.1 Wahl des Beschichtungssystems

Der gängigste Bindungspartner zum Nachweis eines Analyten ist ein Antikörper, der in den meisten Fällen kommerziell erhältlich ist. Aus diesem Grund wurde auch der Inhibierungsassay zum Nachweis des Modellanalyten d-Biotin mit einem Antikörper als Bindungspartner durchgeführt, um die Erkenntnisse für das weitere Vorgehen zu verwenden.

Für Penicillin G stehen zwei Antikörper zur Verfügung: Der eine ist gegen den ß-Laktamring als Bindungsstruktur gerichtet und wird im Folgenden als anti-Penicillin G bezeichnet. Der andere erkennt ebenfalls spezifisch Penicillin G, aber nicht am ß-Laktamring (genaue Angaben des Herstellers fehlen), und wird in kommenden Abschnitten als anti-Penicillin geführt (siehe Anhang B). Bevor die Evaluierung eines Hydrogels für einen direkten Nachweis der Penicilline über die mit dem SAW Biosensor gemessenen Signalhöhen nach der Bindung mit dem Analyten stattfinden kann, wurde überprüft, welcher Antikörper sich als Bindungspartner für die drei Penicilline eignet. Hierzu wurden auf Parylen C-beschichtete SAW Sensoren je 1 mg/ml des jeweiligen Penicillins über Nacht bei Raumtemperatur in einer mit bidestiliertem Wasser feucht gehaltenen Glasschale adsorbiert. Die Sensoren wurden anschließend für 30 Minuten mit 1 mg/ml BSA geblockt. Darauf folgte die Beprobung mit einer Konzentrationsreihe von 0 (1; 10; 100) µg/ml des jeweiligen Antikörpers in PBS. Die Frequenzänderungen wurden auf Grund der Bindung mit dem Analyten gemessen und sind in Abb. 3-8 dargestellt. Beide Antikörper binden an die Grundstruktur von allen drei Penicillinen. Die Signale, beruhend auf der Interaktion von anti-Penicillin mit den Liganden (hier: Penicillin G, Procain-Penicillin G bzw. Benzathin-Penicillin G), fallen jedoch um einiges stärker aus (Abb. 3-8, B). Diese Ergebnisse konnten auch auf mit AMD_{+GA} (M_r 3.000) beschichteten SAW Sensoren bestätigt werden (Daten hier nicht gezeigt). Hierzu wurden die Penicilline kovalent an das Hydrogel gebunden und die Abschirmungsqualität der Oberfläche vor Analyse mit BSA geprüft. Somit kann ein Einfluss der Beschichtung auf die Signalhöhen ausgeschlossen werden. Für den Nachweis von Penicillin wird in den folgenden Experimenten beruhend auf diesen Ergebnissen und der Annahme, dass höhere Signale auch einer besseren Bindungsfähigkeit entsprechen, der spezifische Antikörper anti-Penicillin verwendet.

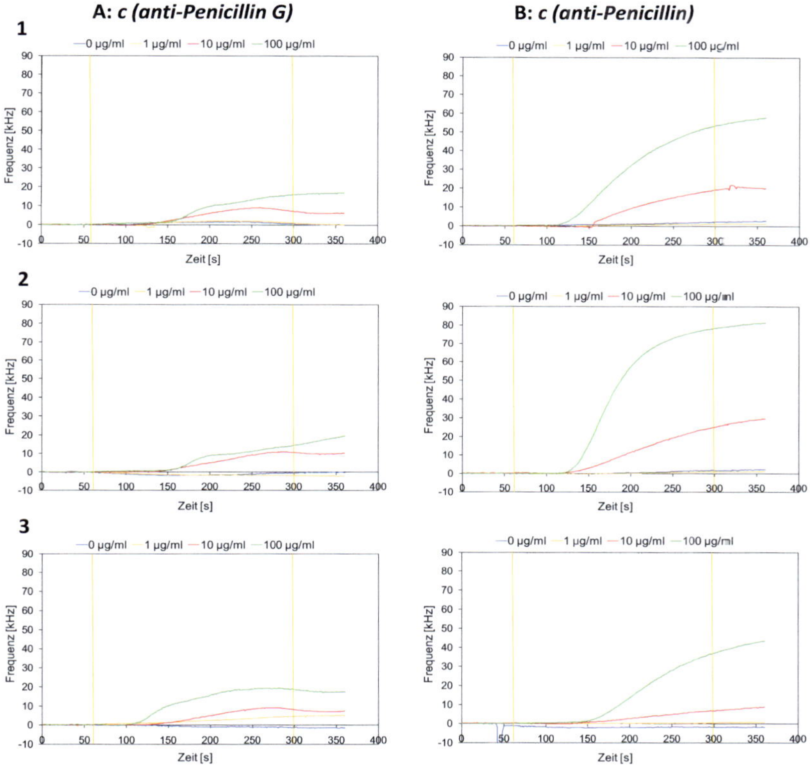

Abb.3-8: Test der Antigen-Antikörper-Bindung der Antikörper gegen Penicilin. Antikörper spezifisch gegen den ß-Lactam-Ring (A) und spezifisch gegen eine andere Stelle (B) von Penicillin G gerichtet. Frequenzverläufe verschiedener Antikörper-Konzentrationen auf Penicillin G (1), Procain-Penicillin G (2) und Benzathin-Penicillin G (3), die jeweils auf Parylen C mit $c_{Lösung}$ = 1 mg/ml adsorbiert wurden. Oberfläche mit 1 mg/ml BSA geblockt.

Der direkte Nachweis von Penicillin G wurde auf den zur Verfügung stehenden carboxyfunktionalisierten Aminodextranen mit unterschiedlichen Molmassen und DC-PEG (M_r 2.000) überprüft. Hierzu wurde anti-Penicillin ($c_{Lösung}$ = 1,8 µM) an das Hydrogel mittels Carbodiimid-Chemie kovalent gekoppelt. Für DC-PEG wurde hierfür das zu diesem Zeitpunkt zur Verfügung stehende optimierte Protokoll zum Aufschmelzen des Hydrogels auf die Sensoroberfläche verwendet (siehe Kapitel 2.3.2 und [Mat2009]) im Gegensatz zu der Machbarkeitsstudie mit d-Biotin.

Die leicht höheren Molmassen der verwendeten Penicilline (M_r > 300) im Vergleich zu d-Biotin (M_r 244) ermöglichten dennoch keinen direkten Nachweis bis zu einer Konzentration von 10 µg/ml mittels SAW Biosensor auf allen verwendeten Hydrogelschichten (Daten hier nicht gezeigt). Die Veränderung weiterer Parameter, wie eine Verdoppelung der für die Immobilisierung eingesetzten Antikörperkonzentration auf 3,6 µM oder eine Erhöhung der Schichtdicke des eingesetzten Hydrogels (siehe Tab. 3-1), erbrachten bei der anschließenden Messung nicht den gewünschten Erfolg (Daten hier nicht gezeigt).

3.1.2.2 Wahl des Fängermoleküls

Wie bereits erwähnt ist der gängigste und in den meisten Fällen auch kommerziell erhältliche Bindungspartner ein Antikörper. Je nach Anwendung gibt es jedoch noch weitere natürlich vorkommende Bindungspartner, deren Affinitäten zum Analyten für einen Nachweis ausgenutzt werden können. Für den Modellanalyten d-Biotin stand neben dem eingesetzten Antikörper anti-Biotin mit Streptavidin noch ein weiterer spezifischer Bindungspartner zur Verfügung. Penicillin G kann ebenfalls auf Grund seiner Angriffsorte in Bakterien weitere sehr spezifische Bindungspartner aufweisen, die Penicillin-bindenden Proteine (PBPs) und ß-Laktamasen (siehe Kapitel 1.5.3.2).

PBPs sind nicht kommerziell erhältlich und müssen aus Bakterienkulturen gewonnen und aufgereinigt werden. Das so erhaltene Fusionsprotein (GST-PBP2x*) besteht aus einem GST-Tag (Glutathion-S-Transferase, GST) und dem gereinigten Protein PBP2x. Es ist für die im Folgenden beschriebenen Versuche verwendet worden. Die Kopplung des Fusionsproteins erfolgte sowohl ungerichtet, mittels direkter kovalenter Immobilisierung an das Hydrogel als auch gerichtet über die Anbindung des GST-Tags an Glutathion (GSH), das eine spezifische Bindung mit GST eingehen kann. Mit dem Bindungspartner PBP2x* war jedoch ein direkter und markierungsfreier Nachweis der Penicilline bis zu einer Konzentration von 100 µg/ml auf unterschiedlichen Hydrogelen (AMD_{+GA} mit M_r 3.000 bzw. 70.000) ebenso wenig möglich [Neu2009], wie mit dem verwendeten Antikörpern.

Der mögliche indirekte Nachweis von Penicillin G mittels SAW Biosensor über die Messung des pH-Wertes bzw. der Detektion der durch die enzymatische Reaktion mit ß-Laktamase entstehenden Penicillosäure (siehe Kapitel 1.5.3.2), konnte im Rahmen dieser Arbeit nicht mehr überprüft werden.

3.1.2.3 Wahl des Assayformates

Der direkte Nachweis von Penicillin G mittels ungerichteter und gerichteter Bindung der Fängermoleküle (Antikörper und PBP) konnte nicht erbracht werden (siehe Kapitel 3.1.2.1 und 3.1.2.2). Analog zu dem Vorgehen bei dem Modellanalyt d-Biotin, wurden auch für den Nachweis der Penicilline die Effektivität indirekter Nachweismethoden überprüft. Hierzu zählen der Sandwich-Assay mit zwei Bindungspartnern, die Penicillin jeweils an unterschiedlichen Stellen binden und der Inhibierungsassay (Abb. 3-5).

Für einen Nachweis von Penicillin G mittels Sandwich-Assay wurden als Bindungspartner anti-Penicillin (bindet nicht am ß-Laktamring) und PBP2x* (bindet am ß-Laktamring) verwendet. Es wurden hierzu folgende Immobilisierungsstrategien verwendet:

(1) Ungerichtete kovalente Kopplung von anti-Penicillin bzw. PBP2x* auf AMD_{+GA} (M_r 3.000).
(2) Gerichtete Kopplung von anti-Penicillin über den kovalent gebundenen Fc-Rezeptor Protein G auf AMD_{+GA} (M_r 3.000).
(3) Gerichtete Kopplung von PBP2x* über die Bindung des GST-Tags mit dem an AMD_{+GA} (M_r 3.000) kovalent gebundenem GSH.

In allen drei Fällen diente der jeweils andere Bindungspartner der Massebeladung des Analyten (siehe Abb. 3-5, 2a) bzw. fungierte selbst als Analytmolekül über die Bindung an Penicillin G (Abb. 3-5, 2b). Die Fängermoleküle anti-Penicillin und PBP2x* greifen jeweils an unterschiedlichen Bindungsstellen von Penicillin G an. Des Weiteren besitzt der verwendete Analyt eine etwas höhere Molmasse (M_r 309) wie der Modellanalyt d-Biotin (M_r 244). Trotzdem war mit den dargestellten Versuchsreihen ein Nachweis von Penicillin G bis zu einer Konzentration von 10 µg/ml nicht möglich (siehe [Neu2009]).

Inwieweit ein Inhibierungsassay (Abb. 3-5, 3) auch für den Nachweis von Penicillin G in Frage kommen kann, wurde in einem Vorversuch (ohne die Verwendung eines Hydrogels) getestet. Hierzu wurden 4 mg/ml (Löslichkeitsgrenze) Penicillin G bzw. des jeweiligen Depot-Penicillins Procain-Penicillin G und Benzathin-Penicillin G eingesetzt und auf Parylen C-beschichtete SAW Sensoren über Nacht bei Raumtemperatur in einer mit bidestilliertem Wasser feucht gehaltenen Glasschale adsorbiert. Anschließend wurden die Sensoren mit 1 mg/ml BSA für 30 Minuten geblockt. Vor der Messung wurden 10 µg/ml anti-Penicillin (gleiche Antikörper-konzentration wie beim Modellanalyt d-Biotin) jeweils mit 0 (0,1; 1;

10) µg/ml Penicillin für je zwei Stunden bei Raumtemperatur inkubiert. Es wurde eine Probe, bestehend aus 10 µg/ml anti-Penicillin und einer der Penicillinkonzentrationen, über einen SAW Biosensor geführt.

Die Ergebnisse sind in Abb. 3-9 dargestellt. Es ist eine Signalminderung für 0,1 µg/ml Penicillin G bzw. Benzathin-Penicillin G gegenüber der „Nullprobe“ (enthält nur 10 µg/ml anti-Penicillin in PBS) zu erkennen (Abb. 3-9, A und C). Für Procain-Penicillin G kann diese Aussage nicht getroffen werden, da die Standardabweichung zu hoch ist (Abb. 3-9, B). Es ist zu vermuten, dass auf Grund der schlechteren Löslichkeit der Depot-Penicilline (insbesondere von Procain-Penicillin G), sowohl die Adsorption als Ligand auf der Sensoroberfläche als auch die Inkubation mit dem Antikörper jeweils nicht vollständig und reproduzierbar ablaufen konnten.

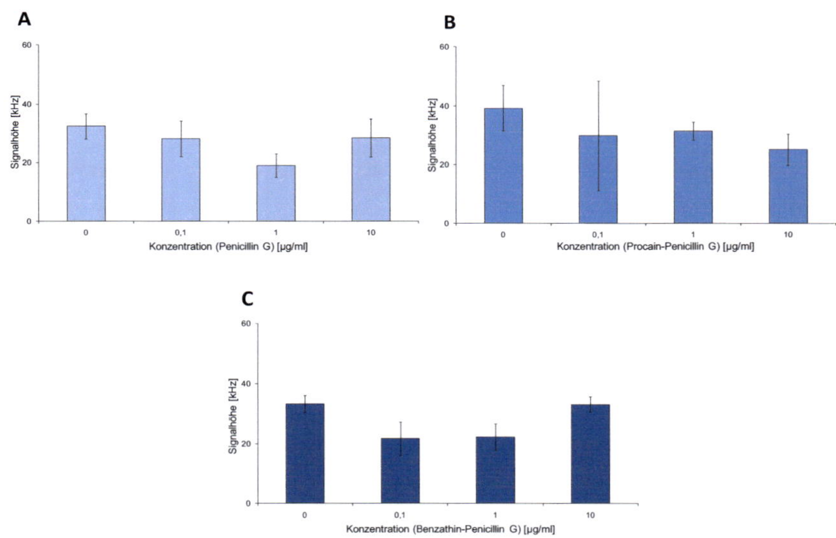

Abb.3-9: Vorversuche zum Inhibierungsassay auf Parylen C. Es wurden die Signalhöhen der Probe aus je 10 µg/ml anti-Penicillin mit 0 / 0,1 / 1 / 10 µg/ml Penicillin G (A), Procain-Penicillin G (B) und Benzathin-Penicillin G (C) auf einer mit dem jeweiligen Penicillin G ($c_{Lösung}$ = 4 mg/ml) über Adsorption beschichteten Parylen C-Oberfläche ermittelt. Die Oberfläche wurde mit 1 mg/ml BSA geblockt. Die Signalhöhen entsprechen dem Mittelwert aus je drei Messungen und die Fehlerbalken den Standardabweichungen.

Des Weiteren kann festgestellt werden, dass die Unterscheidung von 0,1 und 1 µg/ml Analytkonzentration nur bei Penicillin G signifikant möglich ist (Abb. 3-9, A). Der erneute

Signalanstieg bei der höchsten Konzentration von 10 µg/ml Penicillin G und Benzathin-Penicillin G lässt sich vermutlich auf Interaktionen der Penicillinmoleküle untereinander zurückführen [deW1975]. Binden Penicillinmoleküle, die als Analyt in der Probe vorhanden sind, an Penicillinmoleküle, die als Ligand an der Sensoroberfläche gebunden sind, so kann dies auf Grund der geringen Masse des Analyten nicht detektiert werden. Ist jedoch der Analyt bereits mit dem Antikörper gebunden (das folglich zu einer Massebeladung führt), so wird eine Frequenzänderung mit dem SAW Biosensor messbar.

Um dieses Problem zu mindern oder gänzlich zu umgehen, wurde in den folgenden Versuchsreihen eine geringere Penicillinkonzentration (< 4 mg/ml) auf der Oberfläche gekoppelt. Zusätzlich wurden nun nur noch die relevanten Penicillinkonzentrationen von wenigen Nanogramm pro Milliliter im Inhibierungsassay eingesetzt.

Hierzu wurde Penicillin G ($c_{Lösung}$ = 2 mg/ml) als Ligand kovalent auf AMD_{+GA} (M_r 3.000) gekoppelt. Der Analyt Penicillin G wird in den Konzentrationen von 0 (0,01; 0,1: 1; 10) µg/ml mit je 10 µg/ml anti-Penicillin für zwei Stunden bei Raumtemperatur inkubiert. Es wurde eine Probe, bestehend aus je 10 µg/ml anti-Penicillin und einer der Penicillinkonzentrationen, über einen SAW Biosensor geführt.

Die Ergebnisse sind in Abb. 3-10 dargestellt. Die bei den Vorversuchen auf Parylen C (Abb. 3-9) festgestellte Signalabnahme bei 0,1 µg/ml Penicillin G, ist hier bereits ab 0,01 mg/ml Penicillin G im Vergleich zur „Nullprobe“ zu erkennen. Mit steigender Penicillinkonzentration, erhöhen sich die gemessenen Frequenzen wieder. Das bereits beobachtete Phänomen, steigender Signalhöhen mit steigenden Analytkonzentrationen, ist demnach unabhängig von der verwendeten Beschichtung (Parylen C oder AMD_{+GA}) zu beobachten und kann damit eindeutig auf die Bindung zwischen dem Analyt Penicillin G in der Probe und dem Ligand Penicillin G auf der Sensoroberfläche zurückgeführt werden. Die Reduzierung der Ligandenkonzentration um die Hälfte von 4 mg/ml auf 2 mg/ml Penicillin G hat die Interaktion zwischen Analyt und Ligand nicht verringern können.

Es ist jedoch festzuhalten, dass die in Abb. 3-10 dargestellten Ergebnisse auf einer einmalig durchgeführten Versuchsreihe beruhen und zudem mit einer anderen Auswerteelektronik und damit verbundenen unterschiedlichen Oszillatorkonfigurationen [Rei1998] ermittelt worden sind. Die festgestellte Tendenz, dass der Inhibierungsassay für geringe Konzentrationen (bis 1 µg/ml Penicilllin G) funktioniert und bei einem Einsatz von 10 µg/ml Analyt die Interaktion mit dem Liganden Penicillin G auf der Sensoroberfläche für den Wiederanstieg der Signale verantwortlich ist, konnte hier jedoch ebenso deutlich festgestellt.

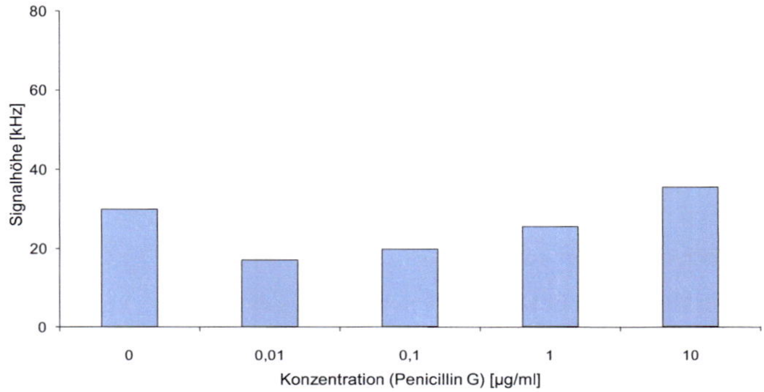

Abb.3-10: Inhibierungsassay mit Penicillin G auf Penicillin G (2 mg/ml). Es wurden die Signalhöhen der Probe aus je 10 µg/ml anti-Penicillin mit 0 / 0,01 / 0,1 / 1 / 10 µg/ml Penicillin G ermittelt. Hydrogel: AMD_{+GA} (M_r 3.000). Ligand: Penicillin G ($c_{Lösung}$ = 2 mg/ml). Die Oberfläche wurde mit 1 mg/ml BSA geblockt (aus [Neu2009]).

In einer weiteren Versuchsreihe wird nochmals die eingesetzte Ligandenkonzentration um die Hälfte auf 1 mg/ml Penicillin G verringert. Das Protokoll zur kovalenten Immobilisierung des Liganden Penicillin G auf AMD_{+GA} (M_r 3.000) und die Vorinkubation des Analyten Penicillin G (0 (0.01; 0.1; 1) µg/ml) mit je 10 µg/ml anti-Penicillin bleibt in allen Fällen gleich (siehe Kapitel 2.3.3.3).

Die Ergebnisse sind in Abb. 3-11 dargestellt. Die kovalente Immobilisierung von nur 1 mg/ml Penicillin G führt dazu, dass die Bindung von Ligand und Analyt minimiert werden kann und bei 1 µg/ml Analyt eine weitere Signalabnahme zu beobachten ist, wie man es bei einem Inhibierungsassay erwarten würde. Das Phänomen der steigenden Signalhöhe beim Einsatz höherer Analytkonzentrationen (Penicillin G), das bereits auf unterschiedlichen Sensoroberflächen nachgewiesen werden konnte, scheint demnach mit der eingesetzten Ligandenkonzentration (Penicillin G) zusammenzuhängen. Um die Minimierung der Interaktion zwischen Analyt und Ligand zu bestätigen, müsste zusätzlich noch die höchste Konzentration von 10 µg/ml Penicillin G eingesetzt werden. In dieser Versuchsreihe lag der Fokus jedoch auf dem relevanten niedrigen Konzentrationsbereich. Die Konzentrationen 0,01 µg/ml und 0,1 µg/ml Penicillin G lassen sich auch hier über die Signalhöhe schlecht voneinander unterscheiden.

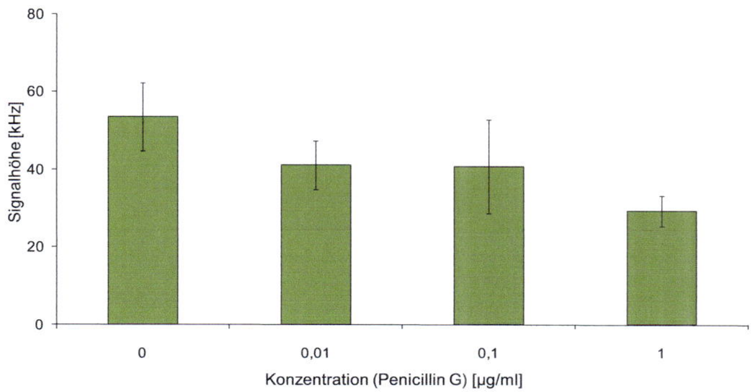

Abb.3-11: Inhibierungsassay mit Penicillin G auf Penicillin G (1 mg/ml). Es wurden die Signalhöhen der Probe aus je 10 µg/ml anti-Penicillin mit 0 / 0,01 / 0,1 / 1 µg/ml Penicillin G ermittelt. Hydrogel: AMD_{+GA} (M_r 3.000).). Ligand: Penicillin G ($c_{Lösung}$ = 1 mg/ml). Die Oberfläche wurde mit 1 mg/ml BSA geblockt. Die Signalhöhen entsprechen dem Mittelwert aus je drei Messungen und die Fehlerbalken den Standardabweichungen.

Zur Überprüfung dieser Ergebnisse wurde der Inhibierungsassay auf 1 mg/ml Penicillin G (Hydrogel: AMD_{+GA}, M_r 3.000) unter Verwendung des anderen Antikörpers (anti-Penicillin G), der spezifisch gegen den ß-Laktamring gerichtet ist, wiederholt. Obwohl die Signalhöhen auf Grund der geringeren Bindung dieses Antikörpers mit Penicillin G (siehe Abb. 3-8, A) hierbei im Allgemeinen wesentlich niedriger sind, konnten die bereits erwähnten Aussagen für den Inhibierungsassay auch unter Verwendung dieses Antikörpers bestätigt werden (siehe Abb. 3-11). Die Bindungen von Analyt (Penicillin G) und Ligand (Penicillin G) untereinander können demnach durch den Einsatz von nur 1 mg/ml Penicillin G als Ligand zur kovalenten Immobilisierung soweit minimiert werden, dass auch bei 1 µg/ml Analytkonzentration eine Signalabnahme zu beobachten ist.

Aus den bisherigen Ergebnissen kann zusammenfassend festgestellt werden, dass ein markierungsfreier und direkter Nachweis niedermolekularer Analyten (M_r < 1.000) mit dem SAW Biosensor nicht oder nur für zu hohe Konzentrationen (ab 1 µg/ml) möglich war. Mittels

Inhibierungsassay konnte, sowohl der Modellanalyt d-Biotin, als auch Penicillin G in einer Konzentration von 0,01 µg/ml nachgewiesen werden.

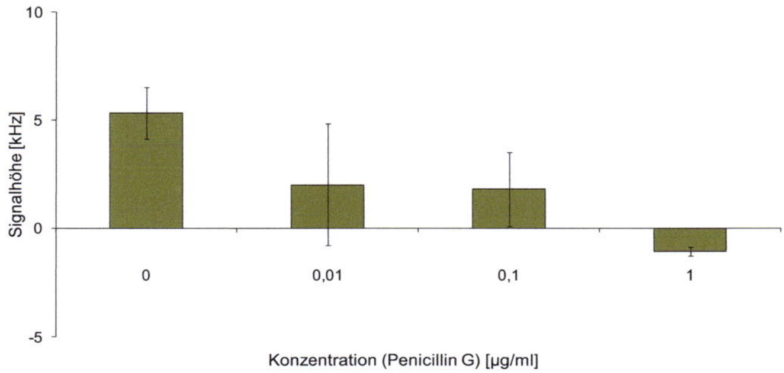

Abb.3-12: Inhibierungsassay mit Penicillin G auf Penicillin G (1mg/ml). Es wurden die Signalhöhen der Probe aus je 10 µg/ml anti-Penicillin G mit 0 / 0,01 / 0,1 / 1 µg/ml Penicillin G ermittelt. Hydrogel: AMD_{+GA} (M_r 3.000). Ligand: Penicillin G ($c_{Lösung}$ = 1 mg/ml). Die Oberfläche wurde mit 1 mg/ml BSA geblockt. Die Signalhöhen entsprechen dem Mittelwert aus je drei Messungen und die Fehlerbalken den Standardabweichungen.

3.2 Nachweis von Markerproteinen für Brustkrebs

Für einen praxisnahen Test dienen im folgenden Kapitel zwei Proteine, die als potentielle Marker für Brustkrebs von biomedizinischer Relevanz sind (siehe Kapitel 1.6.3). Es wurden ein klinischer (HER-2) und ein noch in der Testphase (TIMP-1) befindlicher Marker ausgewählt, die sich bezüglich Verfügbarkeit von Antigen und Antikörper, klinischer Schwellenwert (einige ng/ml) und Nachweisbarkeit in Körperflüssigkeiten (Serum, Plasma) für einen exemplarischen Nachweis mittels SAW Biosensoren eignen. Mit Hilfe eines Modellanalyten sollten vorab Beschichtungsprotokolle für die Immobilisierung von Antikörpern entwickelt werden.

3.2.1 Modellanalyt biotinyliertes Rinderserumalbumin (b-BSA)

Aus Kostengründen und zur potentiellen Ergebnisprognose eignen sich Modellanalyten, die in Größe und spezifischem Bindungspartner dem eigentlichen Analyten ähneln. Es können Vorversuche zur Wahl von Beschichtungssystemen, Immobilisierung der Fängermoleküle und Assayformaten durchgeführt werden und die gewonnenen Erkenntnisse aus den erhaltenen Ergebnissen für das weitere Vorgehen verwendet werden. Die hochaffine Bindung von Avidin zu Biotin kann auch für höhermolekulare Analyten (wie Proteine) als Modell genutzt werden. In diesem Fall wird als Analyt dementsprechend nicht d-Biotin verwendet, sondern mit Biotin markiertes Rinderserumalbumin (b-BSA, M_r 66.000). Die Avidin/Biotin-Bindung kann des Weiteren für die Entwicklung einer affinen (nicht-kovalenten) Immobilisierungsstrategie zum Ankoppeln der Fängermoleküle dienen. Im Folgenden wird der Fokus auf die Wahl der geeigneten Sensorbeschichtung und der daraus resultierenden Immobilisierungsmethode für Fängermoleküle im Hinblick auf den anschließenden Nachweis geringer Analytkonzentrationen (wenige ng/ml) gerichtet. Diese Ergebnisse sollen für das Vorgehen bei der praxisnahen Anwendung, dem Nachweis von Markerproteinen für Brustkrebs (siehe Kapitel 3.2.2 und 3.2.3), genutzt werden können.

3.2.1.1 Wahl des Beschichtungssystems

Zur Immobilisierung der Fängermoleküle wird im Allgemeinen vorwiegend die kovalente Ankopplung mittels Carbodiimid-Chemie an carboxyfunktionalisierte Hydrogele verwendet (siehe Kapitel 1.4.4). Bei bisherigen Versuchsreihen zum Nachweis von b-BSA wurde AMD_{+GA} (M_r 3.000) als intermediäre Zwischenschicht verwendet, da hier die höchsten Signale für 10 µg/ml b-BSA mit immobilisierten Streptavidin (im Vergleich zu höhermolekularen AMD_{+GA}) ermittelt werden konnten [Län2008b; Län2009b]. Mittels dieses Hydrogels und der beschriebenen Immobilisierungsmethode konnten jedoch keine b-BSA-Konzentrationen unterhalb von 1 µg/ml nachgewiesen werden (Daten hier nicht gezeigt). Aus diesem Grund wurde überprüft, ob ein zweidimensionales Hydrogel und der gleichzeitige Einsatz einer affinen Ankopplungstechnik den Nachweis geringer Analytkonzentrationen begünstigen. Es wurde ein disubstituiertes Polyethylenglykol verwendet, das Amino- und Biotin-Gruppen enthält (kurz: AB-PEG, M_r 2.000). An dieses kann Streptavidin über eine einfache Beprobung des beschichteten SAW Sensors (Injektionsintervall: 4 Minuten) an das

Biotin des Hydrogels binden. Hierzu wurden jeweils 1,8 µM (100 µg/ml) Streptavidin eingesetzt. Die Immobilisierung fand sowohl über kovalente Kopplung mittels Carbodiimid-Chemie an AMD_{+GA} (M_r 3.000) als auch über affine Anbindung an die Biotin-Gruppen an AB-PEG (M_r 2.000) statt. Danach wurde die Abschirmungsqualität der Oberfläche der SAW Biosensoren jeweils mit 1 mg/ml BSA geprüft. Nur bei einem zu vernachlässigenden Signal, das einer Basisilinie entsprach, wurden die Sensoren für die Analytbeprobung weiter verwendet (Daten hier nicht gezeigt). Die SAW Biosensoren mit gekoppeltem Streptavidin wurden jeweils mit einer Konzentrationsreihe von 0 (1; 10) µg/ml b-BSA beprobt. Alle weiteren Parameter (wie Förderrate, Puffer PBS, Reihenfolge) sind für beide Versuchsreihen beibehalten worden. Auf diese Weise lassen sich kovalente und affine Kopplung von Streptavidin über die Signalhöhen bei der anschließenden Bindung mit b-BSA direkt miteinander vergleichen.

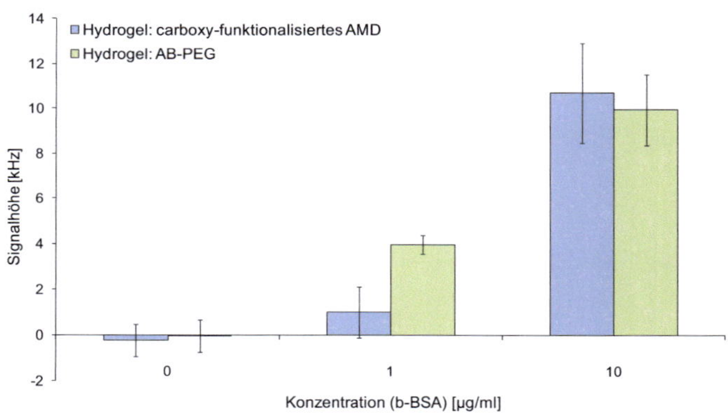

Abb.3-13: Vergleich der Signalhöhen von b-BSA bei kovalenter und affiner Ankopplung von Streptavidin. Dargestellt sind die Signalhöhen von b-BSA auf kovalent (blau) bzw. affin gebundenes Streptavidin (grün). Hydrogel: AMD_{+GA} (M_r 3.000) bzw. AB-PEG (M_r 2.000). Fängermolekül: Streptavidin ($c_{Lösung}$ = 1,8 µM). Die Signalhöhen entsprechen dem Mittelwert aus je drei Messungen und die Fehlerbalken den Standardabweichungen.

Die Ergebnisse sind in Abb. 3-13 dargestellt. Bei einer hohen Konzentration von 10 µg/ml b-BSA waren kaum Unterschiede in den Signalhöhen beruhend auf der kovalenten oder affinen Kopplung von Streptavidin und der anschließenden Bindung mit b-BSA erkennbar. Bei der Beprobung mit 1 µg/ml b-BSA konnte anhand der höheren Signale unter Verwendung von AB-PEG und der damit verbundenen affinen Kopplung von Streptavidin die Sensitivitätssteigerung gezeigt werden (Abb. 3-13, grün).

Demnach sollte der Einsatz von AB-PEG und die anschließende affine Ankopplung von Streptavidin den Nachweis von b-BSA in niedrigen Konzentrationen entscheidend verbessern können. AB-PEG könnte sich somit auch als intermediäre Zwischenschicht für den Nachweis anderer höhermolekularer Analyten (wie Proteinmarker für Brustkrebs) eignen. Die meisten Analyten werden jedoch über einen spezifischen Antikörper nachgewiesen. Es ist zu überprüfen inwieweit man das Hydrogel AB-PEG für den Nachweis eines Analyten mittels Antikörpers als Fängermolekül verwenden kann. Biotin bzw. alle mit Biotin markierten Proteine, wie auch b-BSA, lassen sich mittels eines spezifischen Antikörpers (hier: anti-Biotin) binden. Auf diese Weise können die für den Nachweis einer Antikörper-Antigen-Bindung notwendigen Modifikationen der SAW Biosensoroberfläche exemplarisch über die Höhe der erhaltenen Frequenzänderungen analysiert und optimiert werden.

3.2.1.2 Wahl der Antikörper-Kopplung auf der Sensoroberfläche

Die kovalente Kopplung mittels Carbodiimid-Chemie auf carboxyfunktionalisierten Hydrogelen wurde auch für die Immobilisierung von Antikörpern verwendet (Abb. 3-15 A). So wurde auch anti-Biotin ($c_{Lösung}$ = 1,8 µM) an AMD_{+GA} (M_r 3.000) kovalent gebunden. Anschließend wurde die Abschirmungsqualität der Oberfläche mit 1 mg/ml BSA überprüft und bei vernachlässigbaren Signalantworten mit einer Konzentrationsreihe (0 (1; 10) µg/ml) von b-BSA beprobt (Abb. 3-14) Die Signalhöhe, die mit 1 µg/ml b-BSA durch Bindung an anti-Biotin erreicht wurde, ist der Signalhöhe durch Bindung an Streptavidin, das ebenfalls kovalent an AMD_{+GA} (M_r 3.00) gekoppelt wurde, vergleichbar (Abb. 3-13, blau). Die Anzahl der Bindungsstellen des Fängermoleküls (vier bei Streptavidin bzw. zwei bei anti-Biotin) haben bei geringen Analytkonzentrationen (bis 1 µg/ml) keinen entscheidenden Einfluss auf die Signalhöhe. Bei einer Konzentration von 10 µg/ml b-BSA wirkt sich die doppelte Anzahl der Bindungsstellen jedoch positiv auf die Signalhöhe bei Analytbindung aus. Denn diese ist im Vergleich zum Einsatz von anti-Biotin höher. Bei einer kovalenten Immobilisierung mittels Carbodiimid-Chemie muss immer angenommen werden, dass die Antikörper nicht mit den Antigenbindungsstellen nach oben in Richtung Analytbeprobung gerichtet angebunden sind (siehe Kapitel 1.4.4), so dass nochmals die zur Verfügung stehende Anzahl an Bindungsstellen reduziert wird.

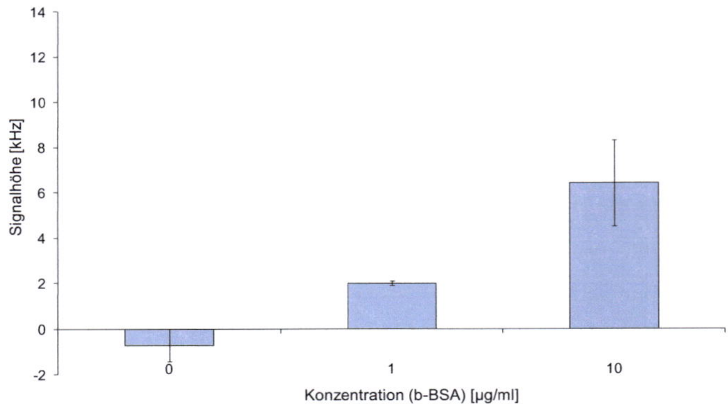

Abb.3-14: Signalhöhen von b-BSA bei kovalenter Immobilisierung von anti-Biotin. Dargestellt sind die Signalhöhen von b-BSA auf kovalent gebundenem anti-Biotin. Hydrogel: AMD_{+GA} (M_r 3.000). Fängermolekül: anti-Biotin ($c_{Lösung}$ = 1,8 µM). Die Signalhöhen entsprechen dem Mittelwert aus je drei Messungen und die Fehlerbalken den Standardabweichungen.

Eine schnelle und einfache Möglichkeit, Antikörper mit den vorhandenen Beschichtungsmöglichkeiten gerichtet zu immobilisieren, ist das Einführen eines oder mehreren Linkern. Die Verwendung von nur einem Linker (Biotin-bindendes Protein) ist nur dann möglich, wenn ein biotinylierter Antikörper zur Verfügung steht (Abb. 3-15 B). Dies ist anwendungsabhängig und konnte für den Nachweis des Modellanalyten b-BSA nicht zum Einsatz kommen. Die Verwendung eines zur Verfügung stehenden nicht-markierten Antikörpers erfordert den Einsatz eines zweiten Linkers (Fc-Rezeptor). In beiden Fällen kann der primäre Linker kovalent an DC-PEG oder affin an AB-PEG (Abb. 3-15 B, C) gekoppelt werden.

In der folgenden Versuchsreihe wurde der Einfluss einer Antikörper-Kopplung über zwei Linker mittels affiner Anbindung des ersten Linkers Streptavidin an AB-PEG auf die Signalhöhen bei Analytbeprobung überprüft. Streptavidin besitzt vier Bindungsstellen für Biotin. Über einen Teil dieser Bindungsstellen kann es an die Biotin-Gruppen von AB-PEG binden und mit den noch verbleibenden freien Bindungsstellen kann biotinyliertes Protein A gekoppelt werden. Mit diesem „Zwei-Linker-System“, bestehend aus Streptavidin und biotinyliertem Protein A, ist eine gerichtete Immobilisierung des Antikörpers anti-Biotin möglich (Abb. 3-15, C).

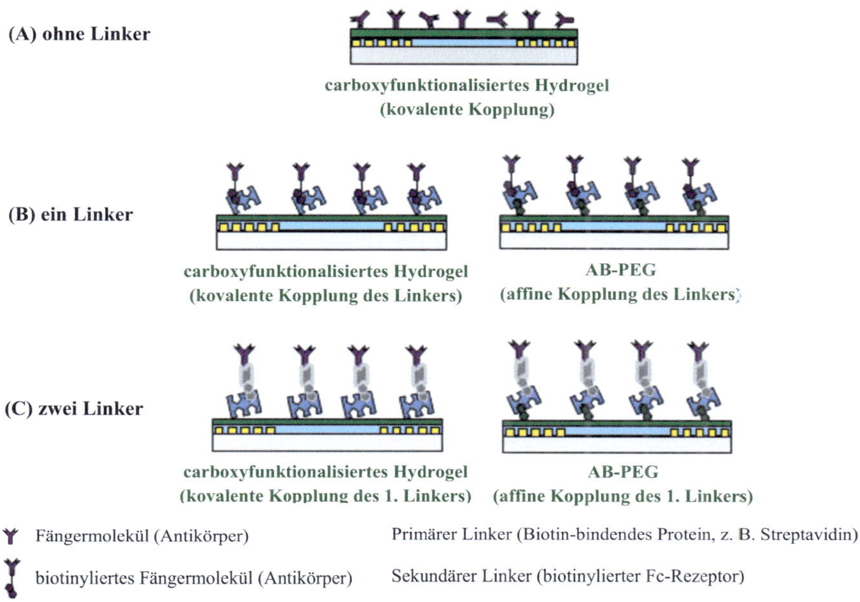

Abb.3-15: Immobilisierungsstrategien für Antikörper. Schematische Darstellung der kovalenten Ankopplung von Antikörpern ohne Linker (A), der Ankopplung von biotinylierten Antikörpern an kovalent bzw. affin gebundenen Primärlinkern (B) sowie der Ankopplung von Antikörpern an biotinylierten Sekundärlinker, der an einen kovalent bzw. affin gekoppelten Primärlinker gebunden ist (C).

Es wurden mit AB-PEG (M_r 3.000) beschichtete SAW Sensoren nacheinander mit 50 µg/ml Streptavidin, 10 µg/ml biotinyliertem Protein A und 5 µg/ml anti-Biotin beprobt (4 min bei 50 µl/min). Die Abschirmungsqualität der Oberfläche des so vorbereiteten SAW Biosensors wird mit 1 mg/ml BSA geprüft und anschließend mit einer Konzentrationsreihe von 0 (0,001; 0,01; 0,1; 1; 10) µg/ml b-BSA beprobt.

Die Ergebnisse sind in Abb. 3-16 (blau) dargestellt. Die Ankopplung von anti-Biotin über den Sekundärlinker biotinyliertes Protein A, der selbst an Streptavidin gebunden ist, bewirkt bei hohen b-BSA-Konzentrationen (1 und 10 µg/ml) niedrigere Signalhöhen als mit der direkten kovalenten Ankopplung des Antikörpers über die Carbodiimid-Chemie an AMD_{+GA} (siehe Abb. 3-14). Geringe Konzentrationen (0,001 µg/ml) von b-BSA ließen sich mit einer Signalhöhe von etwa 4 kHz signifikant nachweisen. Es ist zu vermuten, dass auf Grund der Massebeladung durch die Analytbindung bei den vorangegangenen Beprobungen der Konzentrationsreihe bereits die Kapazität des SAW Biosensors erreicht wurde. Um dieses Problem zu umgehen, sollten die Proben mit den Analytkonzentrationen jeweils auf einem neuen SAW Biosensor beprobt werden. Dies würde auch dem realen Vorgehen bei biomedizinischen Analysen entsprechen. Im Rahmen dieser Arbeit wurden jedoch Konzentrationsreihen verwendet, da somit die Bindungskapazität des Sensors geprüft werden konnte und der Verbrauch an Sensoren relativ gering gehalten wurde.

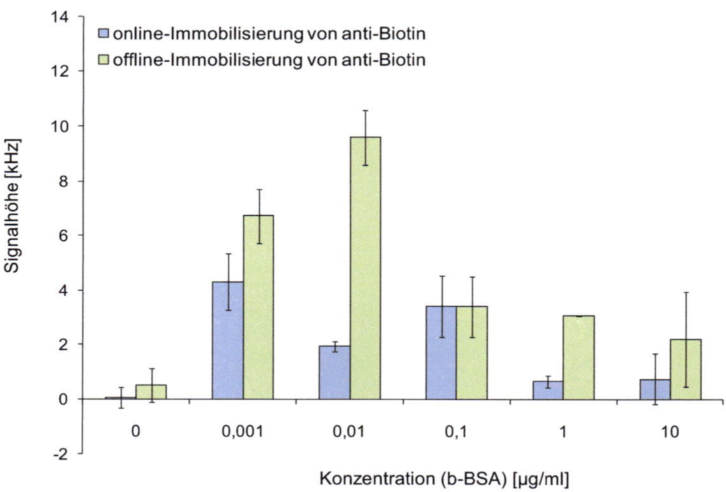

Abb.3-16: Vergleich der Signalhöhen von b-BSA bei affiner online- (blau) und offline- (grün) Immobilisierung von anti-Biotin über zwei Linker. Dargestellt sind die Signalhöhen von b-BSA. Hydrogel: AB-PEG (M_r 3.000). Primärlinker: Streptavidin (c = 50 µg/ml). Sekundärlinker: biot. Protein A (c = 10 µg/ml). Fängermolekül: anti-Biotin (c = 5 µg/ml). Blockierung mit 1 mg/ml BSA. Die Signalhöhen entsprechen dem Mittelwert aus je drei Messungen und die Fehlerbalken den Standardabweichungen.

Bisher wurde die Anbindung der Linker und der Fängermoleküle in der Flusszelle (also „online“) durchgeführt. Dies hat den Vorteil die Anbindung mit Hilfe der zu beobachtenden Freuqenzänderung verfolgen bzw. bestätigen zu können. Der Nachteil liegt in der geringen Inkubationszeit von nur vier Minuten. Diese Zeit kann unter Umständen für eine ausreichende Anbindung der Linker zu kurz sein. Zur Erhöhung der Inkubationszeit und damit der Bindungseffizienz, wird das Mehrschichtensystem mittels stehender Lösungen (also „offline“) an das Hydrogel gebunden (siehe Kapitel 2.3.3.2). Hierfür wurde eine Inkubationszeit von 30 Minuten pro Komponente verwendet. Zur Vergleichbarkeit der beiden Prozesse wurden die Konzentrationen der eingesetzten Linker Streptavidin (50 µg/ml) und biotinyliertes Protein A (10 µg/ml), sowie des Fängermoleküls anti-Biotin (5 µg/ml) beibehalten. Ebenso die anschließende Blockierung mit 1 mg/ml BSA (online: 4 min; offline: 30 min). Schließlich folgt die Beprobung der vorbereiteten SAW Biosensoren jeweils mit einer Konzentrationsreihe (0 (0,001; 0,01; 0,1; 1; 10) µg/ml) von b-BSA.

Die in Abb. 3-16 (grün) dargestellten Signalhöhen von b-BSA auf einem offline gekoppelten „Zwei-Linker-System" zeigen deutlich die Erhöhung der gemessenen Frequenzen für niedrige b-BSA-Konzentrationen (0,001 und 0,01 µg/ml), gegenüber den Ergebnissen des „online"-gekoppelten „Zwei-Linker-Systems" (Abb. 3-16, blau). Ab einer Konzentration von 0,1 µg/ml bis 10 µg/ml b-BSA bleiben die Signalhöhen nach Absinken auf einen Wert von 3 kHz nahezu konstant. Die sinkenden Signale beruhen auch in diesem Fall auf die starke Massebeladung des Sensors vor der eigentlichen Analytbeprobung. Zudem muss beachtet werden, dass diese Messwerte auf Grund einer Konzentrationsreihe entstanden sind. Das heißt die vorab gebundenen b-BSA-Moleküle befinden sich schon auf der Sensoroberfläche und somit verringert sich die Anzahl der freien Bindungsstellen für die weiteren Proben mit den höheren Konzentrationen. Um diesem Effekt entgegen zu wirken, müsste für jede Konzentration ein neuer SAW Biosensor verwendet werden.

Die genannten Konzentrationen der Linker und des Fängermoleküls sind auf Grund einer Evaluierung unterschiedlicher „Konzentrations-Kombinationen" der einzelnen eingesetzten Komponenten (Linker und Antikörper) entstanden (Tab. 3-2). Es wurden alle dargestellten Konzentrationen und Inkubationszeiten miteinander kombiniert und auf Effektivität für den Nachweis von b-BSA überprüft. So hat sich beispielsweise herausgestellt, dass eine Erhöhung der Antikörperkonzentration auf 10 bzw. 20 µg/ml niedrigere Signale beim anschließenden Analytnachweis erbrachten (Daten hier nicht gezeigt). Hingegen hat die Erhöhung der Konzentration von Streptavidin kaum einen Einfluss auf die anschließende Signalhöhe gehabt. Die Konzentrationsverringerung auf 25 µg/ml Streptavidin führte zu geringeren Signalen. Ebenso konnte ermittelt werden, dass eine Inkubationszeit von jeweils 30 Minuten bei Raumtemperatur für die jeweilige Anbindung der einzelnen Komponenten ausreicht. Eine Verlängerung auf 4 Stunden bringt keine Verbesserung und eine über-Nacht-Reaktion bewirkt sogar ein Absinken der Signalhöhen bei der anschließenden Analytbeprobung (Daten hier nicht gezeigt).

	Molmasse [g/mol]	Konzentration [µg/ml]	Konzentration [µmol/l]	Inkubationszeit [h]
Streptavidin	55.000	25 / 50 / 100	0,45 / 0,90 / 1,81	0,5
biotinyliertes Protein A	ca. 50.000	10 / 25 / 50	0,20 / 0,50 / 1	0,5 / 4
anti-Biotin	150.000	5 / 10 / 20	0,03 / 0,06 / 0,13	0,5 / 4 / 20

Tab. 3-2: Eingesetzte Konzentrationen und Inkubationszeiten bei der affinen offline-Immobilisierung von anti-Biotin über zwei Linker.

Es hat sich herausgestellt, dass der Nachweis von b-BSA auf dem wie folgt aufgebauten „Zwei-Linker-System“ zur Anbindung des Fänger-Antikörpers die besten Signalhöhen (dargestellt in Abb. 3-16) erbracht hat. Dieses System setzt sich aus geringer werdenden Konzentrationen der beteiligten Komponenten innerhalb des Schichtaufbaus zusammen. Beginnend mit der höchsten Konzentration (50 µg/ml / 0,83 µmol/l Streptavidin) kann eine Schicht zur Anbindung des biotinylierten Fc-Rezeptors aufgebaut werden. Mit Biotin markiertes Protein A muss nur in einer Konzentration von 10 µg/ml (0,2 µmol/l) eingesetzt werden, da Streptavidin einerseits ausreichend Bindungsstellen für Biotin besitzt und andererseits Protein A den Antikörper anti-Biotin bereits in geringen Konzentrationen (hier: 5 µg/ml bzw. 0,03 µmol/l) binden kann.

Mit den so für den SAW Biosensor entwickelten und optimierten Protokoll eines „Zwei-Linker-System“ zur gerichteten affinen Ankopplung eines spezifischen Fänger-Antikörpers konnte der Analyt (hier: b-BSA) bereits in einer Konzentration von 1 ng/ml markierungsfrei und direkt nachgewiesen werden (Abb. 3-16, grün).

3.2.2 Nachweis von HER-2 (human epidermal growth factor receptor 2)

Mit dem Modellanalyt b-BSA konnte gezeigt werden, dass über ein geeignetes Beschichtungssystem, bestehend aus dem Hydrogel AB-PEG (M_r 3.000) und der anschließenden affinen Ankopplung von zwei Linkern (Streptavidin und biotinyliertes Protein A) zur Immobilisierung des Antikörpers (anti-Biotin), ein markierungsfreier und direkter Nachweis von wenigen Nanogramm pro Milliliter höhermolekularer Proteine mittels SAW Biosensor möglich ist.

Die Konzentration des epidermalen Wachstumsfaktorrezeptors HER-2 (ErbB2) wird bei Brustkrebspatientinnen gemessen, um über das Ansprechen der gewählten Therapie Auskunft zu bekommen. Hierbei wird im Serum die Konzentration der extrazellulären Domäne (EZD) von HER-2 als schneller Nachweis im Vergleich zu aufwändigeren immunhistochemischen Untersuchungen von, mittels Biopsie entnommener, Gewebeproben verwendet (siehe Kapitel 1.6.3.1).

Im Folgenden sollte das Potential des SAW Biosensors zum Nachweis der EZD von HER-2 (M_r 90.000-115.000) im relevanten Konzentrationsbereich (Schwellenwert: 13-20 ng/ml) überprüft werden. Hierzu stand jedoch nicht die EZD in ihrer natürlichen Form zur Verfügung, da diese erst aus Zellkulturmedien isoliert und aufgereinigt werden müsste [Mar2006]. Der im Rahmen dieser Arbeit verwendete Analyt ist eine rekombinante humane HER-2-Fc-Chimäre (M_r 131.000) gewesen. Dies ist ein Fusionsprotein aus der EZD des humanen HER-2, einem Peptidlinker und der Fc-Region eines humanen IgG_1 mit sechs Histidin-Tags am C-Terminus (siehe Anhang B). Bei der Betrachtung der Ergebnisse muss die unterschiedliche Molmasse des im Rahmen dieser Arbeit verwendeten EZD von HER-2 gegenüber der natürlich vorkommenden EZD und die Anbindung der EZD von HER-2 an die Fc-Region berücksichtigt werden. Zur Vereinfachung wird im Folgenden jedoch nur von HER-2 gesprochen.

3.2.2.1 Test der Antigen-Antikörper-Bindung und Wahl des Beschichtungssystems

Der kommerziell erhältliche monoklonale Antikörper gegen HER-2, anti-HER-2 (siehe Anhang B), wurde vor Verwendung als Fängermolekül auf seine Fähigkeit, das Antigen HER-2 zu binden, über eine Affinitätsmessung mit dem SAW Biosensor getestet. Hierzu wurde rekombinantes humanes HER-2 in einer Konzentration von 100 µg/ml in PBS über Nacht bei Raumtemperatur in einer mit bidestilliertem Wasser feucht gehaltenen Glasschale auf Parylen C-beschichtete SAW Sensoren adsorbiert. Die Sensoren wurden anschließend für 30 Minuten mit 1 mg/ml BSA geblockt. Der so vorbereitete Sensor wird mit einer Konzentrationsreihe (0 (1; 10; 100) µg/ml) von anti-HER-2 beprobt.

In Abb. 3-17 ist der Frequenzverlauf exemplarisch dargestellt. Ab einer Konzentration von 10 µg/ml anti-HER-2 ist eine Bindung zwischen Antikörper und Antigen mittels des SAW Sensors detektierbar. Beruhend auf diesen Ergebnissen funktioniert die Antigen-Antikörper-Bindung und anti-HER-2 wird in den weiteren Versuchen als Fängermolekül zum Nachweis von HER-2 eingesetzt.

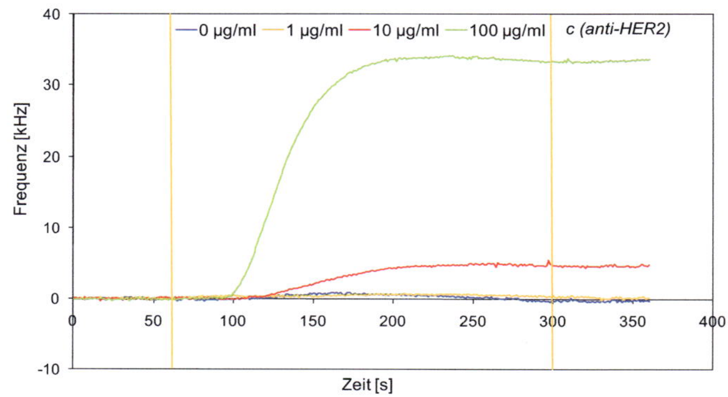

Abb.3-17: Test der Antigen-Antikörper-Bindung des monoklonalen humanen Antikörpers gegen HER-2. Frequenzverläufe verschiedener anti-HER-2-Konzentrationen. Beschichtung: Parylen C. Ligand: HER-2 ($c_{Lösung}$ = 100 µg/ml). Blockierung mit 1 mg/ml BSA.

Auf Grund der Tatsache, dass die Signalhöhen zum Nachweis der Analytproteine je nach Wahl des Hydrogels unterschiedlich hoch sein können [Län2009b], können die Ergebnisse, die mittels des Modellanalyten b-BSA gezeigt wurden (siehe Kapitel 3.2.1), nur als Anhaltspunkt für das Vorgehen zum Nachweis von HER-2 angesehen werden. So wurde für HER-2 vorab ebenfalls eine Evaluierung der intermediären Hydrogelschichten durchgeführt. Hierzu wird auf den mit AMD_{+GA} (M_r 3.000 – 500.000) beschichteten SAW Sensor anti-HER-2 ($c_{Lösung}$ = 1,8 µM) mittels EDC/NHS-Kopplung immobilisiert und mit 1 mg/ml BSA die Abschirmungsqualität der Oberfläche überprüft. Bei vernachlässigbaren Frequenzänderungen durch BSA wurde der SAW Biosensor mit einer Konzentrationsreihe von 0 (0,1; 2; 10) µg/ml HER-2 beprobt. Der Nachweis ist bei allen AMD_{+GA}-Hydrogelen erst ab einer Konzentration von 10 µg/ml HER-2 markierungsfrei und direkt möglich (siehe Abb. 3-19, beige). Mittels ungerichteter kovalenter Immobilisierung der Antikörper auf carboxy-funktionalisiertem Aminodextran, wie sie in Abb. 3-15 A schematisch dargestellt wird, war demnach kein Nachweis im relevanten Konzentrationsbereich (wenige ng/ml) von HER-2 möglich.

3.2.2.2 Wahl der Immobilisierungsstrategie für Antikörper

Mit einer kovalenten Immobilisierung der Antikörpermoleküle auf AMD_{+GA} (M_r 3.000) konnte ein Nachweis von HER-2 erst in sehr hoher Konzentration (10 µg/ml) erzielt werden. Diese Ergebnisse sind mit denen, die bei gleicher Kopplungsart für den Modellanalyten b-BSA erzielt worden sind (siehe Abb. 3-14), vergleichbar. Sie sind auf die ungerichtete Immobilisierungsmethode und die daraus resultierende geringe Anzahl zugänglicher Antigenbindungsstellen zurückführen. Dieses Problem könnte über eine Erhöhung der Antikörperkonzentration oder über eine gerichtete Ankopplung der eingesetzten Fängermoleküle auf der Sensoroberfläche vermindert werden. Hierzu wurden Vorversuche auf Parylen C-beschichteten SAW Sensoren gemacht. Die Fängermoleküle (anti-HER-2) bzw. die Linker (Streptavidin und Protein A) wurden jeweils für 240 Minuten bei Raumtemperatur in einer mit bidestilliertem Wasser feucht gehaltenen Glasschale auf der Parylen C-Oberfläche adsorbiert. Der biotinylierte Antikörper gegen HER-2 (biot. anti-HER-2) wurde online mittels 4 minütiger Inkubationszeit affin an Streptavidin gebunden. Anti-HER-2 hingegen wurde offline (30 min) an Protein A gebunden. Die eingesetzten Konzentrationen und Inkubationszeiten der drei Versuchsreihen sind in Tab. 3-3 zusammengefasst. Alle Sensoren wurden mit 1 mg/ml BSA für 30 min geblockt und anschließend jeweils mit einer Konzentrationsreihe (0 (1; 10) µg/ml) von HER-2 beprobt.

	Molmasse [g/mol]	Konzentration [µg/ml]	Konzentration [µmol/l]	Inkubationszeit [min]
anti-HER-2	150.000	1000	6,67	240
Linker Protein A	ca. 50.000	500	10	240
anti-HER-2	150.000	1000	6,67	30
Linker Streptavidin	55.000	2500	45,45	240
biotinylierter anti-HER-2	150.000	8	0,05	4

Tab. 3-3: Eingesetzte Konzentrationen und Inkubationszeiten bei der Ankopplung der Antikörper anti-HER-2 bzw. biotinylierter anti-HER-2 auf Parylen C.

Die Ergebnisse sind in Abb. 3-18 dargestellt. Der Einsatz von 1 mg/ml (6,7 µmol/l) anti-HER-2 ermöglicht ebenfalls erst einen Nachweis ab 10 µg/ml HER-2 mit einer Signalhöhe von knapp 5 kHz (Abb. 3-18, blau). Die Ergebnisse sind mit den Resultaten basierend auf der kovalenten Kopplung von anti-HER-2 auf AMD_{+GA} (M_r 3.000) vergleichbar (Abb. 3-19, blau). Somit ist die ungerichtete Ankopplung des Antikörpers sowohl von der Beschichtung des Sensors (Parylen C bzw. AMD_{+GA}), der Ankopplungsmethode des Antikörpers (Adsorption bzw. kovalente Kopplung) sowie der Höhe der eingesetzten Antikörperkonzentration (6,7 µmol/l bzw. 1,8 µmol/l) unabhängig und nicht für den Nachweis von HER-2 in einem Konzentrationsbereich ≤ 1 µg/ml geeignet.

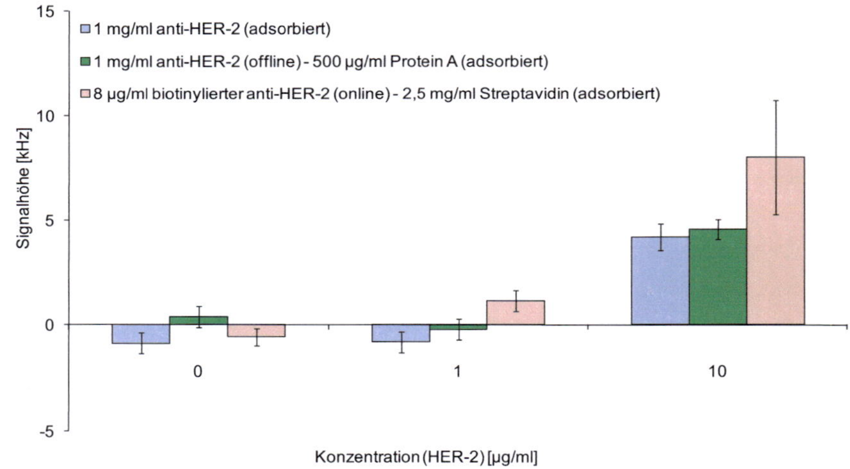

Abb.3-18: Vergleich der Signalhöhen von HER-2 auf Parylen C. Anti-HER-2 wurde ungerichtet (blau) bzw. gerichtet über die Bindung an Protein A (grün) auf die Oberfläche gebunden. Biotinyliertes anti-HER-2 wurde gerichtet über Streptavidin (rosa) aufgebracht. Beschichtung: Parylen C. Oberfläche mit 1 mg/ml BSA geblockt. Die Signalhöhen entsprechen dem Mittelwert aus je drei Messungen und die Fehlerbalken den Standardabweichungen.

Die gerichtete Immobilisierung von 1 mg/ml (6,7 µmol/l) anti-HER-2 über 500 µg/ml (10 µmol/l) des Fc-Rezeptors Protein A führte zu keiner Verbesserung der Signalhöhe (Abb. 3-18, grün). Allerdings wurde sowohl der Linker als auch das Fängermolekül selbst in sehr hohen Konzentrationen von 500 µg/ml (10 µmol/l) bzw. 1 mg/ml eingesetzt. Dies kann zu einer starken Erhöhung der Schichtdicke geführt haben, dass die Eindringtiefe der akustischen Oberflächenwelle zur Detektion des Analyten nicht mehr ausreicht (siehe Kapitel 1.3.4).

Der Einsatz einer geringen Konzentration des bei dieser Anwendung zu Verfügung stehenden biotinylierten Fängermoleküls (hier: biotinyliertes anti-HER-2), das gerichtet über Streptavidin an die Oberfläche gebunden wurde, ermöglicht eine Verbesserung der Signalhöhen fast um das zweifache (Abb. 3-18, rosa). Natürlich kann der Einfluss auf Grund einer anderen Antigenbindungsstelle des biotinylierten anti-HER-2 nicht komplett ausgeschlossen werden. Aus den Ergebnissen dieser Vorversuche auf Parylen C lässt sich dennoch schließen, dass eine geringere Konzentration des Fängermoleküls, das gerichtet an die Oberfläche gekoppelt wurde, sich besser für den markierungsfreien Nachweis eignet, als eine Konzentrationserhöhung des ungerichtet immobilisierten Antikörpers. Dies muss nun im Einzelnen auf den eingesetzten Hydrogelen überprüft werden.

Versuche auf carboxyfunktionalisiertem Aminodextran

Im Folgenden wurden auf AMD_{+GA} (M_r 3.000) die Signalhöhen bei HER-2-Beprobung nach kovalenter ungerichteter (ohne Linker, siehe Abb. 3-15 A) Immobilisierung von anti-HER-2 mit gerichteter (über ein Linker, siehe Abb. 3-15 B) Immobilisierung von biotinyliertem anti-HER-2 verglichen. Des Weiteren wurde der Einfluss unterschiedlicher Inkubationszeiten bei der kovalenten Kopplung von anti-HER2 anhand der Signalhöhen von HER-2 analysiert.

Hierzu wurden jeweils das Fängermolekül anti-HER-2 oder der Linker Streptavidin mittels EDC/NHS-Kopplung an das Hydrogel kovalent gebunden (siehe Kapitel 2.3.3.1). Der biotinylierte Antikörper gegen HER-2 wurde über Bindung an Streptavidin aufgebracht. Die eingesetzten Konzentrationen und Inkubationszeiten sind in Tab. 3-4 zusammengefasst.

	Molmasse [g/mol]	**Konzentration [µg/ml]**	**Konzentration [µmol/l]**	**Inkubationszeit [min]**
anti-HER-2	150.000	280	1,87	8
anti-HER-2	150.000	1000	6,67	30
Linker Streptavidin	55.000	2500	45,45	8
biotinylierter anti-HER-2	150.000	8	0,05	4

Tab. 3-4: Eingesetzte Konzentrationen und Inkubationszeiten bei der Ankopplung der Antikörper anti-HER-2 bzw. biotinylierter anti-HER-2 auf AMD_{+GA} (M_r 3.000).

Die Ergebnisse sind in Abb. 3-19 dargestellt. Eine Erhöhung der eingesetzten Konzentration von anti-HER-2 auf 1 mg/ml (6,67 µmol/l) unter Verwendung einer kovalenten „offline“-Immobilisierung (mit 30 Minuten Inkubationszeit) bewirkt erst bei einer Konzentration von 10 µg/ml HER-2 ein signifikantes Signal (Abb. 3-19, blau). Dieses ist jedoch höher wie die Signalantwort nach der bisher verwendeten „online“-Immobilisierung, deren Inkubationszeit zum Ankoppeln des Antikörpers acht Minuten beträgt (Abb. 3-19, braun). Der Einsatz höherer Antikörperkonzentrationen und längeren Inkubationszeiten bewirkt demnach erst ab hohen Analytkonzentrationen eine bessere Signalantwort. Eine gerichtete Ankopplung des biotinylierten anti-HER-2 über kovalent (online) gekoppeltes Streptavidin ermöglicht einen Nachweis von bereits 0,1 µg/ml HER-2 (Abb. 3-19, rosa).

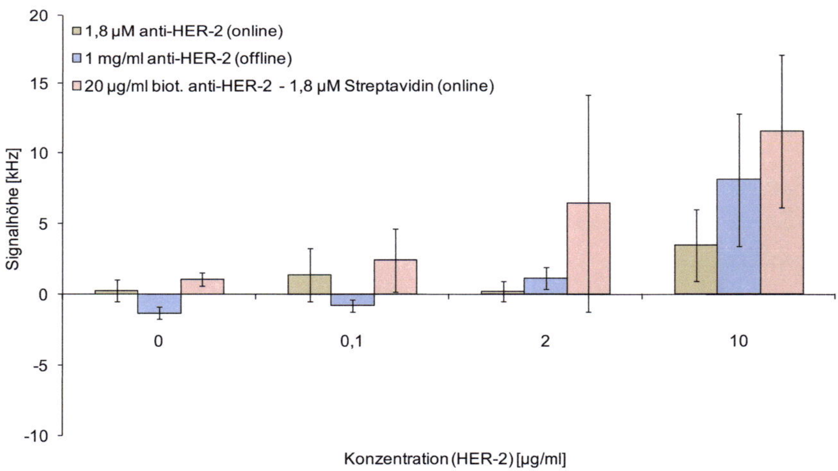

Abb.3-19: Vergleich der Signalhöhen von HER-2 auf AMD_{+GA}. Anti-HER-2 wurde ungerichtet sowohl online (beige) als auch offline (blau) an die Oberfläche gebunden. Biotinyliertes anti-HER-2 wurde gerichtet online über Streptavidin aufgebracht (rosa). Hydrogel: AMD_{+GA} (M_r 3.000). Oberfläche mit 1 mg/ml BSA geblockt. Die Signalhöhen entsprechen dem Mittelwert aus je drei Messungen und die Fehlerbalken den Standardabweichungen.

Im Vergleich zu den Vorversuchen auf Parylen C (Abb. 3-18) wurde bei der kovalenten Immobilisierung des Linkers Streptavidin nur 100 µg/ml (statt 2,5 mg/ml bei der Adsorption) und hierfür geringfügig mehr Antikörper (20 µg/ml statt 8 µg/ml biot. anti-HER-2) eingesetzt.

Die genannten Konzentrationen wurden, ähnlich wie bereits bei dem Modellanalyten b-BSA gezeigt, mittels Testreihen von möglichen Kombinationen anhand der anschließenden Signalhöhen ermittelt (siehe Kapitel 3.2.2). So konnten die Ergebnisse der Vorversuche auf Parylen C mit dem Hydrogel AMD_{+GA} (M_r 3.000) insoweit bestätigt werden, dass mit gerichtet immobilisiertem biotinylierten anti-HER-2 eine geringere Analytkonzentration nachweisbar ist. Die starke Streuung der Signale lässt dennoch weiterhin auf eine relativ geringe Reproduzierbarkeit schließen.

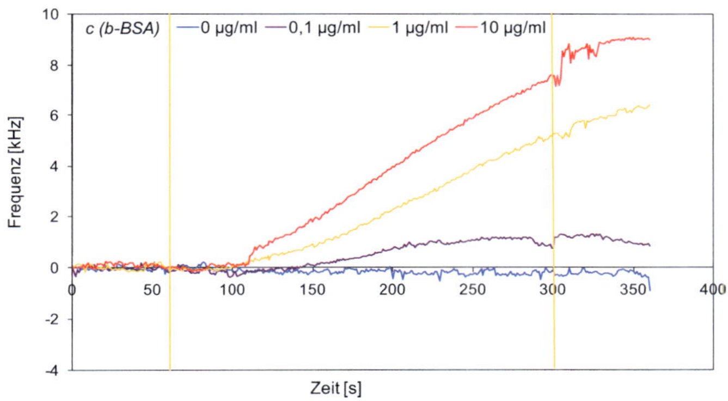

Abb.3-20: Nachweis von b-BSA mit affiner Kopplung von Neutravidin. Frequenzverläufe verschiedener b-BSA-Konzentrationen. Hydrogel: AB-PEG (M_r 3.000). Fängermolekül: Neutravidin ($c_{Lösung}$ = 100 µg/ml).

Die starke Streuung der Signalantworten bei der gerichteten Ankopplung des biotinylierten Antikörpers über Streptavidin könnte auf eine ungewollte Bindung des verwendeten Linkers Streptavidin und HER-2 zurückzuführen sein. Das Biotin-bindende Protein Streptavidin enthält die Aminosäuresequenz RYD (Arginin-Tyrosin-Asparaginsäure), die der natürlich vorkommenden RGD-Sequenz (Arginin-Glycin-Asparaginsäure) bis auf eine Aminosäure gleicht. Dieses Aminosäuren-Triplett ist für die Ligandenbindung an Rezeptoren der Zellmembran verantwortlich. Zur Vermeidung unspezifischer Bindungen mit der extrazellulären Domäne (EZD) des Zelloberflächenrezeptors HER-2 wird für weitere Versuche das Biotin-bindende Protein Neutravidin (ohne RYD-Sequenz) verwendet, das die gleichen Eigenschaften für die Biotinbindung besitzt wie Streptavidin [The2009].

In Vorversuchen wurde Neutravidin affin („offline", 30 Minuten) an die Biotin-Gruppen des Hydrogels AB-PEG gekoppelt. Die Oberfläche wurde mit 1 mg/ml BSA geblockt und der so beschichtete SAW Biosensor mit einer Konzentrationsreihe von 0 (0,1; 1; 10) µg/ml b-BSA beprobt. Die Ergebnisse sind in Abb. 3-20 exemplarisch dargestellt. Bereits mit 1 µg/ml b-BSA ist eine deutliche Frequenzänderung erkennbar (Abb. 3-20, orange-gelbe Kurve).

Mit dem Modellanalyt biotinyliertes BSA (b-BSA) konnte somit die Biotin-bindende Wirkung von Neutravidin im Vergleich zu den ermittelten Ergebnissen mit auf die gleichweise gekoppeltem Streptavidin (Abb. 3-16, grün) bestätigt werden. Für die weiteren Versuche auf den Hydrogelen DC-PEG und AB-PEG wird deshalb Neutavidin als Linker zur Ankopplung biotinylierter Linker oder Fängermoleküle verwendet.

Des Weiteren wurde zur Etablierung geeigneter Immobilisierungsmethoden für den direkten und markierungsfreien Nachweis niedriger HER-2-Konzentrationen in den folgenden Versuchsreihen die beschichteten SAW Biosensoren nur mit dem relevanten Konzentrationsbereich bis 0,1 µg/ml beprobt.

Versuche auf DC-PEG

Auf DC-PEG wurde die Effektivität der folgenden Ankopplungsmethoden für anti-HER-2 anhand der anschließenden Signalhöhen bei der Beprobung mit HER-2 verglichen:

(1) Kovalente Ankopplung von anti-HER-2 (ohne Linker).
(2) Kovalente Ankopplung des Linkers Protein A mit anschließender Bindung von anti-HER-2 (ein Linker).
(3) Kovalente Ankopplung des ersten Linkers Neutravidin mit anschließender Bindung des zweiten Linkers biotinyliertes Protein A und der abschließenden Bindung von anti-HER-2.

Die in Tab. 3-5 zusammengefassten Konzentrationsangaben und die verwendeten Inkubationszeiten sind, wie bereits an anderer Stelle erwähnt wurde, über mehrere Versuchsreihen evaluiert worden (Daten hier nicht gezeigt). Es hat sich eine Inkubationszeit von jeweils 30 Minuten für die Anbindung der einzelnen Komponenten als geeignet herauskristallisiert. Länger (4 h oder über Nacht) führt zu keiner Verbesserung der Signalhöhen. Des Weiteren wurde unter Berücksichtigung der möglichen Bindung der Fc-Region des eingesetzten Fusionsproteins (HER-2-Fc-Chimäre) mit dem Linker Protein A, die beschichteten SAW

Biosensoren nicht nur wie bisher üblich mit 1 mg/ml BSA geblockt, sondern ebenfalls mit 100 µg/ml eines IgG-Antikörpers, der noch freie Protein A-Bindungsstellen inhibieren sollte. Die Sensoren wurden mit einer Konzentrationsreihe von 0 (0,001; 0,01; 0,1) µg/ml HER-2 beprobt.

	Molmasse [g/mol]	Konzentration [µg/ml]	Konzentration [µmol/l]	Inkubationszeit [min]
anti-HER-2	150.000	1000	6,67	30
Linker Protein A	ca. 50.000	1000	20	30
anti-HER-2	150.000	100	0,67	4
1. Linker Neutravidin	60.000	50	0,83	30
2.Linker biotinyliertes Protein A	ca. 50.000	10	0,20	30
anti-HER-2	150.000	20	0,13	30

Tab. 3-5: Eingesetzte Konzentrationen und Inkubationszeiten bei der Ankopplung des Antikörpers anti-HER-2 ohne, mit einem oder mit zwei Linkern auf DC-PEG$_{+GA}$ (M_r 2.000).

Die Ergebnisse sind in Abb. 3-21 dargestellt. Die Erhöhung der Konzentration von anti-HER-2 auf 1 mg/ml bewirkt auch auf DC-PEG keine signifikanten Signale bis 0,1 µg/ml HER-2. Dies bestätigt die Ergebnisse der Versuchsreihe auf AMD$_{+GA}$ (siehe Abb. 3-19, blau). Eine direkte kovalente Immobilisierung des Antikörpers, unabhängig von Konzentration, Inkubationszeit oder Hydrogeldimension, ermöglicht keinen Nachweis von geringen HER-2-Konzentrationen. Die Wahl eines zweidimensionalen DC-PEGs (gegenüber dem dreidimensionalen AMD$_{+GA}$) verbessert dementsprechend bei gleicher Antikörper-konzentration und Einwirkungszeit nicht die Signalantwort bei anschließender Analytbindung. Die Frequenzänderung bei der Beprobung mit 0,001 µg/ml des Analyten beruht vermutlich auf ungewöhnlich starken Drifteffekten (Abb. 3-21, blau). Aus diesem Grund sind bei höheren Konzentrationen von 0,01 und 0,1 µg/ml kaum mehr Signalhöhen zu erkennen.

Die gerichtete Ankopplung von anti-HER-2 an eine relativ hohe Linkerkonzentration (1 mg/ml Protein A) führt bei der Analytbeprobung zu ähnlichen Messergebnissen wie mit der ungerichteten Ankopplung (Abb. 3-21, grün). Der Einsatz von nur einem Linker wirkt sich hier demnach ebenfalls nicht positiv über steigende Signalhöhen beim Nachweis niedriger Konzentrationen von HER-2 aus, zeigt aber ein gewisses Potential auf. Dieses ist an der Signalhöhe bei der Beprobung von 0,1 µg/ml HER-2 zu erkennen.

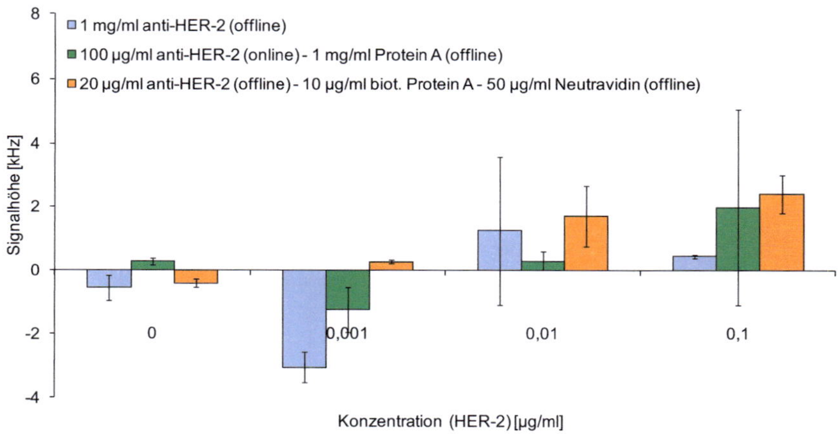

Abb.3-21: Vergleich der Signalhöhen von niedrigen Konzentrationen HER-2 auf DC-PEG. Anti-HER-2 wurde ungerichtet (blau), sowie gerichtet über einen Linker/Protein A (grün) bzw. zwei Linker (Neutravidin und biotinyliertes Protein A) an die Oberfläche gebunden. Hydrogel: DC-PEG$_{+GA}$ (M_r 2.000). Oberfläche mit 1 mg/ml BSA geblockt. Die Signalhöhen entsprechen dem Mittelwert aus je drei Messungen und die Fehlerbalken den Standardabweichungen.

Die in einer dritten Versuchsreihe durchgeführte Ankopplung von anti-HER-2 über zwei Linker (Neutravidin und biotinyliertes Protein A), die in einer geringeren Konzentration eingesetzt worden sind, ergab reproduzierbare und signifikante Signalhöhen (Abb. 3-21, orange).

Die in Abb. 3-21 dargestellten Ergebnisse zeigen, dass mit einem so optimierten „offline"-Immobilisierungsprotokoll für ein „Zwei-Linker-System" aus Neutravidin und biotinyliertem

Protein A zur Kopplung von anti-HER-2 ein Nachweis von 10 ng/ml HER-2 in PBS auf dem Hydrogel DC-PEG möglich ist.

Versuche auf AB-PEG

Auf carboxyfunktionalisierten Hydrogelen, wie DC-PEG oder AMD_{+GA}, muss der primäre Linker über EDC/NHS-Kopplung kovalent an die Oberfläche gebunden werden. Eine schnelle und einfache Alternative hierzu, die zudem die verwendeten Chemikalien (EDC, NHS, Ethanolamin) einspart, wäre eine Anbindung des Linkers Neutravidin über die Biotin-Gruppen auf der Sensoroberfläche des AB-PEGs. Auf diesem Hydrogel ist immer der Einsatz eines biotin-bindende Proteins zur Ankopplung weiterer Linker oder Fängermoleküle, die mit Biotin markiert sein müssen, notwendig.

Anhand der anschließenden Signalhöhen von HER-2 sollte der Einfluss der Inkubationszeiten und der Einsatz von Linkern verglichen werden. Es wurde biotinyliertes anti-HER-2 (online bzw. offline) über einen Linker (siehe Abb. 3-15 B) und anti-HER-2 (offline) über zwei Linker (siehe Abb. 3-15 C) aufgebracht. Hierzu wurden die bereits bei den Versuchen auf DC-PEG ermittelten Inkubationszeiten von jeweils 30 Minuten für die „offline"-Ankopplung eingesetzt. Die jeweils verwendeten Konzentrationen und Inkubationszeiten sind in Tab. 3-6 zusammengefasst. Die Sensoren wurden mit 1 mg/ml BSA geblockt und mit einer Konzentrationsreihe von 0 (0,001; 0,01; 0,1) µg/ml HER-2 beprobt.

	Molmasse [g/mol]	Konzentration [µg/ml]	Konzentration [µmol/l]	Inkubationszeit [min]
Linker Neutravidin	ca. 50.000	50	1	4
biotinylierter anti-HER-2	150.000	10	0,07	4
Linker Neutravidin	ca. 50.000	50	1	30
biotinylierter anti-HER-2	150.000	10	0,07	30
1. Linker Neutravidin	60.000	50	0,83	30
2.Linker biotinyliertes Protein A	ca. 50.000	10	0,20	30
anti-HER-2	150.000	5	0,03	30

Tab. 3-6: Eingesetzte Konzentrationen und Inkubationszeiten bei der Ankopplung der Antikörper anti-HER-2 bzw. biotinylierter anti-HER-2 auf AB-PEG (*M_r* 3.000)

Die Ergebnisse sind in Abb. 3-22 dargestellt. Mittels einer „online“-Ankopplung des Linkers Neutravidin und des biotinylierten anti-HER-2 kann ein Nachweis bei 0,1 µg/ml HER-2 erfolgen (Abb. 3-22, rosa). Die Inkubationszeit wurde in einem nächsten Schritt von vier Minuten (Injektionsintervall im Fluss) auf 30 Minuten erhöht. Die „offline“-Anbindung der gleichen Konzentrationen von Linker- und Fängermolekül verbessert jedoch die Signalhöhe in diesem Fall nicht (Abb. 3-22, braun).

Da nicht bei jeder Anwendung ein biotinylierter Antikörper zur Verfügung steht, wurde in einer dritten Versuchsreihe ein „offline“-immobilisiertes „Zwei-Linker-Systems“, bestehend aus Neutravidin und biotinyliertem Protein A, wie es bereits auf DC-PEG verwendet wurde, eingesetzt. Allerdings mit einer geringeren Antikörperkonzentration von 5 µg/ml statt 20 µg/ml anti-HER-2. Dies ermöglicht einen direkten Nachweis bei 0,01 µg/ml (Abb. 3-22, orange). Die Beprobung mit 0,1 µg/ml HER-2 führt jedoch (im Vergleich zu den Ergebnissen auf DC-PEG) zu abnehmenden Signalhöhen.

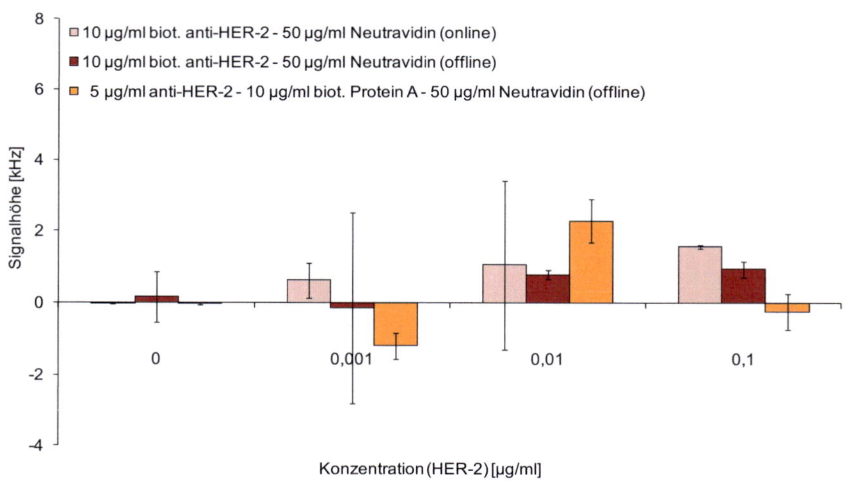

Abb.3-22: Vergleich der Signalhöhen von niedrigen Konzentrationen HER-2 auf AB-PEG. Biotinylierter anti-HER-2 wurde sowohl online (rosa) als auch offline (dunkelbraun) über Neutravidin an die Oberfläche gebunden. Anti-HER-2 wurde offline über die beiden Linker Neutravidin und biotinyliertes Protein A gekoppelt (orange). Hydrogel: AB-PEG (M_r 3.000). Oberfläche mit 1 mg/ml BSA geblockt. Die Signalhöhen entsprechen dem Mittelwert aus je drei Messungen und die Fehlerbalken den Standardabweichungen.

Zusammenfassend ist festzustellen, dass ein direkter und markierungsfreier Nachweis von 10 ng/ml HER-2 (in Pufferlösung) unter Verwendung eines „offline"-immobilisierten „Zwei-Linker-Systems" auf den Hydrogelen DC-PEG (siehe Abb. 3-21) und AB-PEG (siehe Abb. 3-22) möglich ist.

3.2.3.1 Test der Antigen-Antikörper-Bindung und Wahl des Beschichtungssystems

Der kommerziell erhältliche monoklonale Antikörper gegen TIMP-1, anti-TIMP-1 (siehe Anhang B), wurde vor Verwendung als Fängermolekül auf seine Fähigkeit, das Antigen TIMP-1 zu binden, über eine Affinitätsmessung mit dem SAW Biosensor getestet. Hierzu wurde rekombinantes humanes TIMP-1 in einer Konzentration von 100 µg/ml in PBS über Nacht bei Raumtemperatur in einer mit bidestilliertem Wasser feucht gehaltenen Glasschale auf Parylen C-beschichtete SAW Sensoren adsorbiert. Die Sensoren wurden anschließend für 30 Minuten mit 1 mg/ml BSA geblockt. Der so vorbereitete Sensor wird mit einer Konzentrationsreihe (0 (1; 10; 100) µg/ml) von anti-TIMP-1 beprobt.

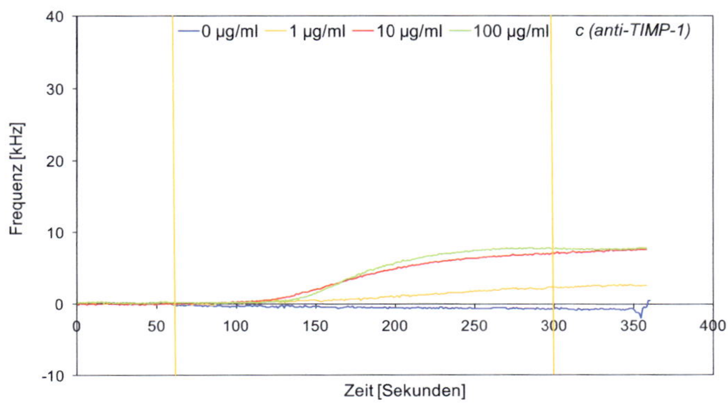

Abb.3-23: Test der Antigen-Antikörper-Bindung des monoklonalen humanen Antikörpers gegen TIMP-1. Frequenzverläufe verschiedener anti-TIMP-1-Konzentrationen. Beschichtung: Parylen C. Ligand: TIMP-1 ($c_{Lösung}$: 100 µg/ml). Blockierung mit 1 mg/ml BSA.

In Abb. 3-23 ist der Frequenzverlauf exemplarisch dargestellt. Ab einer Konzentration von 1 µg/ml anti-TIMP-1 ist eine Bindung zwischen Antikörper und Antigen mittels des SAW

Sensors detektierbar. Beruhend auf diesen Ergebnissen funktioniert die Antigen-Antikörper-Bindung und anti-TIMP-1 wird in den weiteren Versuchen als Fängermolekül zum Nachweis von TIMP-1 eingesetzt.

Auf Grund der Tatsache, dass die Signalhöhen zum Nachweis der Analytproteine je nach Wahl des Hydrogels unterschiedlich hoch sein können [Län2009b], wurden vorab für den direkten Nachweis von TIMP-1 ebenfalls die zur Verfügung stehenden carboxy-funktionalisierten Aminodextrane (M_r 3.000 – 500.000) verwendet. Anti-TIMP-1 ($c_{Lösung}$ = 1,8 µM) wurde als Fängermolekül mittels Carbodiimid-Chemie kovalent an das Hydrogel gebunden. Die Abschirmungsqualität der Oberfläche wurde mit 1 mg/ml BSA überprüft. Bei vernachlässigbaren Frequenzänderungen durch BSA wurde der SAW Biosensor mit einer Konzentrationsreihe von 0 (1,5; 3) µg/ml TIMP-1 beprobt. Es ist bei allen AMD_{+GA}-Hydrogelen kein Nachweis bis zu einer Konzentration von 3 µg/ml TIMP-1 markierungsfrei und direkt möglich (siehe Abb. 3-25, beige). Mittels ungerichteter kovalenter Immobilisierung der Antikörper auf carboxyfunktionalisiertem Aminodextran, wie sie in Abb. 3-15 A schematisch dargestellt wird, war demnach kein Nachweis im relevanten Konzentrationsbereich (wenige ng/ml) von TIMP-1 möglich. Aus diesem Grund wurden, vergleichbar mit dem Vorgehen zur Detektion von HER-2, verschiedene gerichtete Immobilisierungsmöglichkeiten überprüft.

3.2.3.2 Wahl der gerichteten Immobilisierung der Antikörper

Mit einer kovalenten Immobilisierung der Antikörpermoleküle auf AMD_{+GA} (M_r 3.000) konnte kein Nachweis von TIMP-1 bis zu einer Konzentration von 3 µg/ml erzielt werden. Diese Ergebnisse sind wie bereits bei dem Modellanalyten b-BSA und dem Brustkrebsmarker HER-2 festgestellt wurde auf die ungerichtete Immobilisierungsmethode und die daraus resultierende geringe Anzahl zugänglicher Antigenbindungsstellen zurückführen. Die Überlegung dieses Problem über eine Erhöhung der Antikörperkonzentration oder über eine gerichtete Ankopplung der eingesetzten Fängermoleküle auf der Sensoroberfläche zu vermindern, sollte in Vorversuchen für TIMP-1 überprüft werden. Hierzu wurde das Fängermolekül anti-TIMP-1 bzw. der Linker Streptavidin jeweils für 240 Minuten bei Raumtemperatur in einer mit bidestilliertem Wasser feucht gehaltenen Glasschale auf der Parylen C-Oberfläche adsorbiert. In diesem Fall kann Streptavidin als Biotin-bindendes Protein wieder eingesetzt werden, da TIMP-1 kein Zellrezeptor ist und es somit zu keiner unspezifischen Interaktion mit der RGD-Sequenz kommen kann (siehe Kapitel 3.2.2.2). Der biotinylierte Antikörper gegen TIMP-1 (biot. anti-TIMP-1) wurde offline mittels 30 minütiger Inkubationszeit affin an Streptavidin gebunden. Die eingesetzten Konzentrationen und Inkubationszeiten der zwei Versuchsreihen sind in Tab. 3-7 zusammengefasst. Alle Sensoren wurden mit 1 mg/ml BSA für 30 min geblockt und anschließend mit einer Konzentrationsreihe von 0 (0,1; 1; 10) µg/ml bzw. von 0 (0,1; 1; 5) µg/ml TIMP-1 beprobt.

	Molmasse [g/mol]	**Konzentration [µg/ml]**	**Konzentration [µmol/l]**	**Inkubationszeit [min]**
anti-TIMP-1	150.000	1000	6,67	240
Linker Streptavidin	55.000	2500	45,45	240
biotinylierter anti-TIMP-1	150.000	10	0,05	30

Tab. 3-7: Eingesetzte Konzentrationen und Inkubationszeiten bei der Ankopplung der Antikörper anti-TIMP-1 bzw. biotinylierter anti-TIMP-1 auf Parylen C.

Die Ergebnisse sind in Abb. 3-24 dargestellt. Der Einsatz von 1 mg/ml (6,7 µmol/l) anti-TIMP-1 ermöglicht ebenfalls keinen Nachweis bis 10 µg/ml TIMP-1 (Abb. 3-24, blau). Die Ergebnisse sind mit den Resultaten basierend auf der kovalenten Kopplung von anti-TIMP-1 auf AMD_{+GA} (M_r 3.000) vergleichbar (Abb. 3-25, beige). Somit ist die ungerichtete Ankopplung des Antikörpers sowohl von der Beschichtung des Sensors (Parylen C bzw. AMD_{+GA}), der Ankopplungsmethode des Antikörpers (Adsorption bzw. kovalente Kopplung) sowie der Höhe der eingesetzten Antikörperkonzentration (6,7 µmol/l bzw. 1,8 µmol/l) unabhängig und nicht für den Nachweis von TIMP-1 in einem Konzentrationsbereich ≤ 1 µg/ml geeignet.

Der Einsatz einer geringen Konzentration des bei dieser Anwendung zu Verfügung stehenden biotinylierten Fängermoleküls (hier: biotinyliertes anti-TIMP-1), das über Streptavidin an die Oberfläche gebunden werden konnte, ermöglichte eine Verbesserung der Signalhöhen fast um das zweifache und das bei einer niedrigeren Konzentration von 5 µg/ml TIMP-1 (Abb. 3-24, rosa). Natürlich kann der Einfluss auf Grund einer anderen Antigenbindungsstelle des biotinylierten anti-TIMP-1 hierbei nicht komplett ausgeschlossen werden. Aus den Ergebnissen dieser Vorversuche auf Parylen C lässt sich dennoch schließen, dass eine geringere Konzentration des Fängermoleküls, das über einen Linker an die Oberfläche gekoppelt wurde, sich besser für den markierungsfreien Nachweis eignet, als eine Konzentrationserhöhung des ungerichtet immobilisierten Antikörpers.

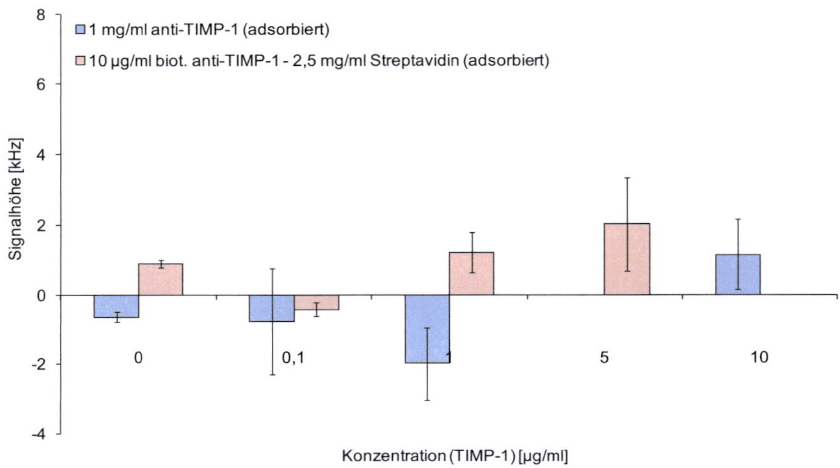

Abb.3-24: Vergleich der Signalhöhen von TIMP-1 auf Parylen C. Anti-TIMP-1 wurde ungerichtet an die Oberfläche gebunden (blau). Biotinylierter anti-TIMP-1 wurde gerichtet über Streptavidin aufgebracht (rosa). Beschichtung: Parylen C. Oberfläche mit 1 mg/ml BSA geblockt. Die Signalhöhen entsprechen dem Mittelwert aus je drei Messungen und die Fehlerbalken den Standardabweichungen.

Somit scheinen auch im Fall von TIMP-1 ein Linker-System und die damit verbundene gerichtete Ankopplung des Fängermoleküls für den Analytnachweis vorteilhaft zu sein. Dies wird bei der kovalenten Immobilisierung auf AMD_{+GA} bzw. DC-PEG und der affinen Ankopplung auf AB-PEG in den folgenden Unterkapiteln überprüft, indem die Signalhöhen von TIMP-1 verglichen werden.

Versuche auf carboxyfunktionalisiertem AMD

Im Folgenden wurden auf AMD_{+GA} (M_r 3.000) die Signalhöhen bei TIMP-1-Beprobung nach kovalenter ungerichteter (ohne Linker, siehe Abb. 3-15 A) Immobilisierung von anti-TIMP-1 mit gerichteter (über ein Linker, siehe Abb. 3-15 B) Immobilisierung von biotinyliertem anti-TIMP-1 verglichen. Des Weiteren wurde der Einfluss unterschiedlicher Inkubationszeiten bei der kovalenten Kopplung des Linkers Streptavidin und der anschließenden Bindung von biotinyliertem anti-TIMP-1 anhand der Signalhöhen von TIMP-1 analysiert.

Hierzu wurden jeweils das Fängermolekül anti-TIMP-1 oder der Linker Streptavidin mittels EDC/NHS-Kopplung an das Hydrogel kovalent gebunden (siehe Kapitel 2.3.3.1). Der biotinylierte Antikörper gegen TIMP-1 wurde über Bindung an Streptavidin aufgebracht. Die eingesetzten Konzentrationen und Inkubationszeiten sind in Tab. 3-8 zusammengefasst.

	Molmasse [g/mol]	**Konzentration [µg/ml]**	**Konzentration [µmol/l]**	**Inkubationszeit [min]**
anti-TIMP-1	150.000	280	1,87	8
Linker Streptavidin	55.000	100	45,45	8
biotinylierter anti-TIMP-1	150.000	10	0,05	4
Linker Streptavidin	55.000	100	45,45	30
biotinylierter anti-TIMP-1	150.000	10	0,05	30

Tab. 3-8: Eingesetzte Konzentrationen und Inkubationszeiten bei der Ankopplung der Antikörper anti-TIMP-1 bzw. biotinylierter anti-TIMP-1 auf AMD_{+GA} (M_r 3.000).

Die genannten Konzentrationen wurden, ähnlich wie bereits bei dem Modellanalyten b-BSA gezeigt, mittels Testreihen von möglichen Kombinationen anhand der anschließenden Signalhöhen ermittelt (siehe Kapitel 3.2.2).

Die Ergebnisse sind in Abb. 3-25 dargestellt. Eine gerichtete Ankopplung des biotinylierten anti-TIMP-1 über kovalent (online) gekoppeltes Streptavidin ermöglicht einen Nachweis von 3 µg/ml TIMP-1 (Abb. 3-25, rosa). Im Vergleich zu den Vorversuchen auf Parylen C (Abb. 3-24) wurde bei der kovalenten Immobilisierung des Linkers Streptavidin nur 100 µg/ml (statt 2,5 mg/ml bei der Adsorption), aber die gleiche Antikörperkonzentration (10 µg/ml biotinyliertes anti-TIMP-1) eingesetzt. Unter Beibehalten der eingesetzten Konzentrationen, aber längeren Inkubationszeiten (jeweils 30 Minuten) konnte TIMP-1 bereits in einer Konzentration von 0,3 µg/ml nachgewiesen werden (Abb. 3-25, braun). Die danach absinkenden Signalhöhen sind wiederum auf die verstärkte Massebeladung des Sensors zurückzuführen, wie dies bereits bei dem Nachweis von b-BSA und HER-2 beobachtet werden konnte. So konnten die Ergebnisse der Vorversuche auf Parylen C mit dem Hydrogel

AMD$_{+GA}$ (M_r 3.000) insoweit bestätigt werden, dass mit gerichtet immobilisiertem biotinylierten anti-TIMP-1 eine geringere Analytkonzentration nachweisbar ist.

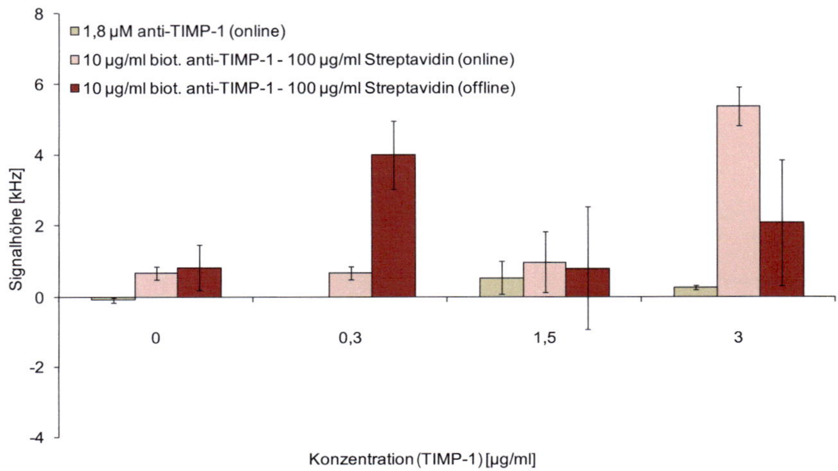

Abb.3-25: Vergleich der Signalhöhen von TIMP-1 auf AMD$_{+GA}$. Anti-TIMP-1 wurde ungerichtet (beige) an die Oberfläche gebunden. Biotinyliertes anti-TIMP-1 wurde gerichtet über Streptavidin sowohl online (rosa) als auch offline (braun) aufgebracht. Hydrogel: AMD$_{+GA}$ (M_r 3.000). Oberfläche mit 1 mg/ml BSA geblockt. Die Signalhöhen entsprechen dem Mittelwert aus je drei Messungen und die Fehlerbalken den Standardabweichungen.

Versuche auf DC-PEG

Polyethylenglykole bieten in der Regel eine bessere Abschirmung gegen Fremdprotein-Hintergrund in der Probe und werden deswegen auch gerne verwendet. Da der Nachweis der Markerproteine HER-2 und TIMP-1 in Serum stattfindet, werden auch bei der SAW Biosensorik diese Hydrogele zur Beschichtung bevorzugt. Die Verbesserung der Analytnachweisbarkeit in geringen Konzentrationen auf PEGs konnte bereits in den vorangegangen Kapiteln gezeigt werden. Die Immobilisierungsstrategien für substituierte PEGs sollten für den direkten Nachweis von TIMP-1 im relevanten Konzentrationsbereich (bis 200 ng/ml) überprüft werden.

Auf DC-PEG wurde die Effektivität der folgenden Ankopplungsmethoden für anti-TIMP-1 bzw. biotinyliertes anti-TIMP-1 anhand der anschließenden Signalhöhen bei der Beprobung mit TIMP-1 verglichen:

(1) Kovalente Ankopplung von anti-TIMP-1 (ohne Linker).

(2) Kovalente Ankopplung des Linkers Streptavidin mit anschließender Bindung von biotinyliertem anti-TIMP-1 (ein Linker).

	Molmasse [g/mol]	Konzentration [µg/ml]	Konzentration [µmol/l]	Inkubationszeit [min]
anti-TIMP-1	150.000	1000	6,67	30
Linker Streptavidin	55.000	100	45,45	8
biotinylierter anti-TIMP-1	150.000	10	0,05	4
Linker Streptavidin	55.000	50	22,72	30
biotinylierter anti-TIMP-1	150.000	10	0,05	30

Tab. 3-9: Eingesetzte Konzentrationen und Inkubationszeiten bei der Ankopplung des Antikörpers anti-TIMP-1 bzw. biotinylierter anti-TIMP-1 auf DC-PEG$_{+GA}$ (M_r 2.000).

Des Weiteren wurde analog zu den Versuchen auf AMD$_{+GA}$ der Einfluss der Inkubationszeiten bei der Ankopplung von biotinyliertem anti-TIMP-1 über Streptavidin anhand der anschließenden Signalhöhen bei der Beprobung mit TIMP-1 überprüft. Die eingesetzten Konzentrationen und Inkubationszeiten sind in Tab. 3-9 zusammengefasst. Die Sensoren wurden mit 1 mg/ml BSA geblockt und mit einer Konzentrationsreihe von 0 (0,002; 0,02; 0,2) µg/ml TIMP-1 beprobt.

Die Ergebnisse sind in Abb. 3-26 dargestellt. Die Erhöhung der Konzentration von anti-TIMP-1 auf 1 mg/ml bewirkt keine signifikanten und reproduzierbaren Signale bis 0,2 µg/ml TIMP-1 (Abb. 3-26, blau). Dies korreliert mit den Ergebnissen, die mit der gleichen Immobilisierungsmethode auf AMD$_{+GA}$ für den Nachweis des Brustkrebsmarkers HER-2 erzielt worden sind (siehe Abb. 3-19, blau). Eine direkte kovalente Immobilisierung des Antikörpers, unabhängig von Konzentration, Inkubationszeit oder Hydrogeldimension, ermöglicht demnach auch hier keinen Nachweis von geringen Analytkonzentrationen.

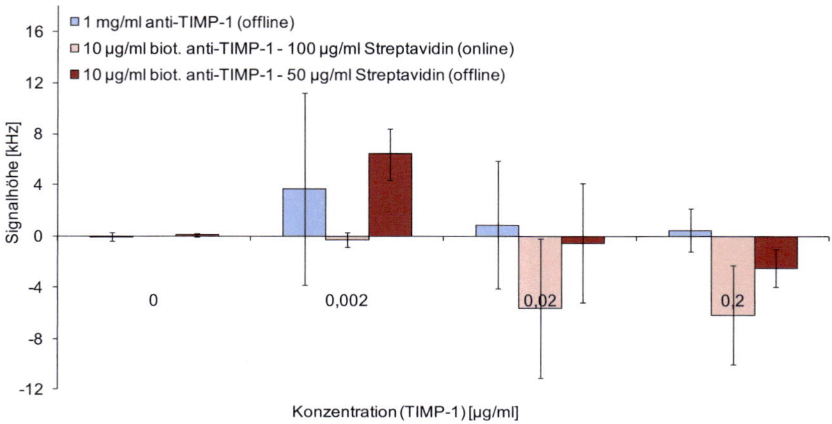

Abb.3-26: Vergleich der Signalhöhen von niedrigen Konzentrationen TIMP-1 auf DC-PEG. Anti-TIMP-1 wurde ungerichtet (blau) gekoppelt. Biotinylierter anti-TIMP-1 wurde gerichtet über Streptavidin online (rosa) bzw. offline (braun) an die Oberfläche gebunden. Hydrogel: DC-PEG (M_r 2.000). Oberfläche mit 1 mg/ml BSA geblockt. Die Signalhöhen entsprechen dem Mittelwert aus je drei Messungen und die Fehlerbalken den Standardabweichungen.

Mit einer online-Immobilisierung von Linker und Antikörper und den damit verbundenen kürzeren Inkubationszeiten ist kein signifikanter Nachweis bis 0,2 µg/ml TIMP-1 möglich (Abb. 3-26, rosa). Die Ankopplung von biotinyliertem anti-TIMP-1 über kovalent gekoppeltes Streptavidin ermöglicht nur unter Verwendung längerer Inkubationszeiten (30 Minuten) einen signifikanten Nachweis von 0,002 µg/ml TIMP-1 (Abb. 3-24, braun). Das Absinken der Signalhöhen bei höheren Analytkonzentrationen ist auf die Kapazität des Sensors auf Grund der eingesetzten Konzentrationsreihe zurückzuführen. Wie man aus Abb. 3-25 (braun) entnehmen kann, wurde beim Einsatz der gleichen Konzentrationen und Inkubationszeiten ein Nachweis von 0,3 µg/ml TIMP-1 erbracht. Würde man bei der Versuchsreihe auf DC-PEG ebenfalls die höhere Konzentration (0,2 µg/ml) einsetzen, so könnte auch hier der Nachweis erbracht werden. Aber in dieser und den anderen Versuchsreihen sollte der Einfluss unterschiedlicher Immobilisierungsstrategien auf den Nachweis sehr geringer Analytkonzentrationen überprüft werden.

Die in Abb. 3-26 (braun) dargestellten Ergebnisse zeigen, dass bei dieser Anwendung ein „offline"-Immobilisierungsprotokoll für ein „Ein-Linker-System" aus Streptavidin zur Kopplung von anti-TIMP-1 den Nachweis von 2 ng/ml TIMP-1 in PBS auf dem Hydrogel DC-PEG ermöglicht.

Versuche auf AB-PEG

Auf carboxyfunktionalisierten Hydrogelen, wie DC-PEG oder AMD_{+GA}, muss der Linker über EDC/NHS-Kopplung kovalent an die Oberfläche gebunden werden. Eine schnelle und einfache Alternative hierzu, die zudem die verwendeten Chemikalien (EDC, NHS, Ethanolamin) einspart, ist die Anbindung des Linkers Streptavidin über die Biotin-Gruppen auf der Sensoroberfläche des AB-PEGs. Auf diesem Hydrogel ist immer der Einsatz eines biotin-bindende Proteins zur Ankopplung weiterer Linker oder Fängermoleküle, die mit Biotin markiert sein müssen, notwendig.

	Molmasse [g/mol]	Konzentration [µg/ml]	Konzentration [µmol/l]	Inkubationszeit [min]
Linker Streptavidin	55.000	100	45,45	4
biotinylierter anti-TIMP-1	150.000	10	0,05	4
Linker Streptavidin	55.000	50	22,72	30
biotinylierter anti-TIMP-1	150.000	10	0,05	30
1. Linker Streptavidin	55.000	50	22,72	30
2.Linker biotinyliertes Protein A	ca. 50.000	10	0,20	30
anti-TIMP-1	150.000	5	0,03	30

Tab. 3-1: Eingesetzte Konzentrationen und Inkubationszeiten bei der Ankopplung der Antikörper anti-TIMP-1 bzw. biotinylierter anti-TIMP-1 auf AB-PEG (M_r 3.000).

Anhand der anschließenden Signalhöhen von TIMP-1 sollte der Einfluss der Inkubationszeiten und der Einsatz von Linkern verglichen werden. Es wurde biotinyliertes anti-TIMP-1 (online bzw. offline) über einen Linker (siehe Abb. 3-15 B) und anti-TIMP-1 (offline) über zwei Linker (siehe Abb. 3-15 C) aufgebracht. Hierzu wurden die bereits bei den Versuchen auf DC-PEG ermittelten Inkubationszeiten von jeweils 30 Minuten für die „offline"-Ankopplung eingesetzt. Die jeweils verwendeten Konzentrationen und Inkubationszeiten sind in Tab. 3-10 zusammengefasst. Die Sensoren wurden mit 1 mg/ml BSA geblockt und mit einer Konzentrationsreihe von 0 (0,002; 0,02; 0,2) µg/ml TIMP-1 beprobt.

Die Ergebnisse sind in Abb. 3-27 dargestellt. Mittels einer „online"-Ankopplung des Linkers Streptavidin und des biotinylierten anti-TIMP-1 ist ein Nachweis bis 0,2 µg/ml TIMP-1 nicht möglich (Abb. 3-27, rosa). Die Inkubationszeit wurde in einem nächsten Schritt von vier Minuten (Injektionsintervall im Fluss) auf 30 Minuten erhöht. Die „offline"-Anbindung der gleichen Konzentrationen von Linker- und Fängermolekül ließ in diesem Fall einen Nachweis von 0,2 µg/ml TIMP-1 zu (Abb. 3-27, braun). Die affine Ankopplung von Streptavidin auf AB-PEG verschlechterte jedoch, verglichen mit der kovalenten Ankopplung von Streptavidin auf DC-PEG, unabhängig von den verwendeten Inkubationszeiten die anschließenden Signalhöhen. So konnte mit einer offline-Immobilisierung eines „Ein-Linker-Systems" auf AB-PEG kein Nachweis von 0,002 µg/ml TIMP-1 ermöglicht werden.

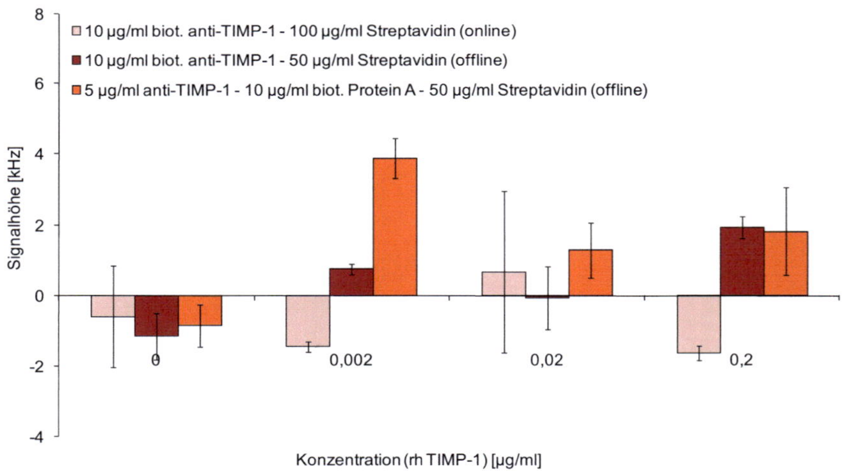

Abb.3-27: Vergleich der Signalhöhen von niedrigen Konzentrationen TIMP-1 auf AB-PEG. Biotinylierter anti-TIMP-1 wurde sowohl online (rosa) als auch offline (braun) über Streptavidin an die Oberfläche gebunden. Anti-TIMP-1 wurde offline über die beiden Linker Streptavidin und biotinyliertes Protein A gekoppelt (orange). Hydrogel: AB-PEG (M_r 3.000). Oberfläche mit 1 mg/ml BSA geblockt. Die Signalhöhen entsprechen dem Mittelwert aus je drei Messungen und die Fehlerbalken den Standardabweichungen.

Da nicht bei jeder Anwendung ein biotinylierter Antikörper zur Verfügung steht, wurde in einer dritten Versuchsreihe ein „offline“-immobilisiertes „Zwei-Linker-Systems“, bestehend aus Streptavidin und biotinyliertem Protein A, wie es bereits für den Nachweis von HER-2 verwendet wurde, eingesetzt. Die Konzentrationen der Linker und Antikörper wurden beibehalten (siehe Tab. 3-10 und Tab. 3-6). Dies ermöglicht einen direkten Nachweis von 0,002 µg/ml (Abb. 3-27, orange). Die Beprobung mit höheren Konzentrationen führt erneut zu abnehmenden Signalhöhen.

Die dargestellten Ergebnisse haben gezeigt, dass ein direkter und markierungsfreier Nachweis von 2 ng/ml TIMP-1 in Pufferlösung mittels „offline“ gebundenem „Ein-Linker-System“ auf DC-PEG bzw. „Zwei-Linker-System“ AB-PEG möglich ist.

4 Diskussion

Der Schwerpunkt dieser Arbeit war die Ermittlung geeigneter Oberflächenmodifikationen für SAW Biosensoren zum Nachweis biomedizinisch relevanter Verbindungen. Der zu detektierende Konzentrationsbereich liegt in der Regel bei wenigen Nanogramm pro Milliliter. An Modellanalyten, die auf dem Avidin/Biotin-System beruhen, konnte der Einfluss des Assayformats, der verwendeten Hydrogele und der Immobilisierungsstrategie veranschaulicht werden. An konkreten Beispielen, wie dem Nachweis des Antibiotikums Penicillin G und dem Nachweis der beiden Proteinmarker für Brustkrebs (HER-2 und TIMP-1), konnte über eine Anpassung der in der vorliegenden Arbeit entwickelten Protokolle eine Sensitivitätssteigerung des SAW Biosensors erzielt werden.

4.1 Einfluss des Assayformats

Analytische Nachweismethoden werden vorwiegend in markierungsfreie und mit Markierung arbeitende Detektionsprinzipien unterschieden. Die Entwicklung, insbesondere in der Biosensorik, tendiert zu markierungsfreien Techniken, die mit minimalem Aufwand dennoch hohe Sensitivität erlauben.

Markierungsfreie Detektion wird des Weiteren in zwei Assayformate unterschieden: der direkte und der indirekte Nachweis. Erstgenannter beruht auf einer einfachen Einzelschrittanalyse, bei der die Signalantwort zur Analytmenge proportional ist. Das zweite Format, zu dem unter anderem der Sandwich-Assay und der Inhibierungsassay gehören, ermittelt die Analytkonzentration indirekt über den Nachweis gebundener Komplexe bzw. noch frei verfügbarer Bindungspartner. Insbesondere für den Nachweis niedermolekularer Verbindungen haben sich diese Assayformate als effektive Nachweismethode erwiesen [Jia2008].

In der vorliegenden Arbeit wurde der Einfluss des Assayformats für den Nachweis des Modellanalyten d-Biotin mit dem SAW Biosensors untersucht und die ermittelten Protokolle auf die praxisnahe Anwendung, der Konzentrationsbestimmung von Penicillin G übertragen. Im Folgenden werden die jeweils erzielten Ergebnisse näher diskutiert.

4.1.1 Direkter Nachweis

Für den direkten Nachweis von d-Biotin, das mit einer Molmasse von 244 g/mol zu den niedermolekularen Verbindungen zählt, wurden die bereits aus vorherigen Arbeiten mit dem SAW Biosensor bekannten Hydrogele verwendet [Län2008b; Län2009b]. Hierzu gehören carboxylierte Aminodextrane und Polyethylenglykole, die kovalent an das auf der Sensoroberfläche befindliche Polymer Parylen C gebunden wurden (siehe Kapitel 2.3.2). Der Bindungspartner Streptavidin wurde hierfür kovalent an die mittels Carbodiimid-Chemie aktivierte carboxylierte Hydrogeloberfläche gebunden (siehe Kapitel 2.3.3.1). Im Fokus der Untersuchungen stand demnach die Überprüfung der Machbarkeit einer direkten Nachweismethode mit dem hier verwendeten SAW Biosensor-Design für niedermolekulare Analyten unter Verwendung der vorhandenen Beschichtungssysteme und der auch in der SPR-Technologie gängigen Immobilisierungsmethode mittels EDC/NHS [Fis2010].

In der vorliegenden Arbeit konnte ermittelt werden, dass der direkte Nachweis von d-Biotin mit dem SAW Biosensor nur begrenzt möglich ist. Der niedermolekulare Modellanalyt ließ sich erst ab einer Konzentration von 1 µg/ml detektieren und dies nur auf carboxylierten Aminodextranen mit einer Molmasse von 10.000 bis 70.000 g/mol (siehe Kapitel 3.1.1.1).

Da die Hydrogeldichte die Immobilisierungskapazität kontrolliert, wurde die Einwaage der verwendeten Matrices auf 10 mg/ml erhöht, in der Annahme, dass sich im Idealfall auch die Anzahl der funktionellen Gruppen der Immobilisierungsmatrix und somit die Kopplungseffizienz erhöhen (siehe Kapitel 3.1.1.1). Es konnte jedoch keine Sensitivitätssteigerung oder Signalerhöhung erreicht werden. Der Modellanalyt d-Biotin ließ sich auch mit „dickeren" Schichten erst ab 1 µg/ml mit einem Signalanstieg von max. 2 kHz nachweisen (siehe Abb. 3-2). Es ist anzunehmen, dass zu dicht gepackte Schichten die auf der Oberfläche befindlichen größeren Moleküle in ihrer Aktivität blockieren und somit keine Verbesserung für einen direkten Nachweis des Analyten erbringen.

Des Weiteren muss die Konzentration des auf der Sensoroberfläche befindlichen Fängermoleküls (hier: Streptavidin) für jede Anwendung experimentell ermittelt werden. Die Erhöhung der eingesetzten Fängermoleküllösung auf 3,6 µM erbrachte jedoch ebenfalls keine Sensitivitätssteigerung oder Signalerhöhung. Es ist zu vermuten, dass die Analyt-Bindungspartner sich gegenseitig sterisch behindern.

Da die Kopplungseffizienz nicht nur von den Eigenschaften der Schicht, sondern auch des Moleküls selbst abhängig ist, wurde für eine weitere Versuchsreihe ein Antikörper (anti-Biotin), der kovalent auf die jeweiligen Hydrogele gekoppelt wurde, als Bindungspartner verwendet. Dies ermöglichte jedoch ebenfalls keinen direkten Nachweis von d-Biotin unterhalb von 1 µg/ml (siehe Kapitel 3.1.1.2).

Ein direkter und markierungsfreier Nachweis von niedermolekularen Substanzen mit einem SAW Biosensor ist jedoch prinzipiell möglich. Eine mit d-Biotin vom Molekulargewicht vergleichbare Verbindung, das Pestizid Atrazin (215 g/mol), konnte von der Gruppe um E. Gizeli direkt und markierungsfrei nachgewiesen werden [Giz1997b]. Hierzu wurde jedoch ein SH-SAW Sensor im Love-Wellen-Modus verwendet und der spezifische Antikörper über Protein A gerichtet auf einer dünnen Goldschicht immobilisiert. Mit diesem 3-Schichten-System konnten 400 ppb Atrazin nachgewiesen werden.

Mit der in der hier vorliegenden Arbeit verwendeten kapazitiven Kopplung und der in Kapitel 2.2 beschriebenen Flusszelle konnten weder mit Gold beschichtete SAW Sensoren verwendet noch mit dem Love-Wellen-Modus betrieben werden. Um aber dennoch eine mögliche Signalverstärkung bzw. Sensitivitätserhöhung für niedermolekulare Analyten erreichen zu können, wurde bei der exemplarischen biomedizinischen Anwendung, dem Nachweis von Penicillin G, verschiedene gerichtete Immobilisierungsmethoden für den jeweiligen Bindungspartner zum direkten Nachweis überprüft (siehe Kapitel 3.1.2). So wurde unter anderem der Bindungspartner PBP 2x* über seinen GST-Tag gerichtet an Glutathion an der Sensoroberfläche gekoppelt (siehe Kapitel 3.1.2.2 und [Neu2009]). Dies ermöglichte jedoch ebenso wie eine Ankopplung des Bindungspartners ohne Linker an das Hydrogel keinen direkten Nachweis von Penicillin G bis 100 µg/ml.

Zusammenfassend muss festgestellt werden, dass mit dem in der vorliegenden Arbeit verwendeten SAW Biosensor ohne Goldbeschichtung oder signalverstärkenden Love-Modus, unabhängig von Hydrogel und dessen Schichtdicke, Bindungspartner und dessen Konzentration oder Immobilisierungsstrategie (ohne oder mit Linker) ein direkter Nachweis von niedermolekularen Analyten (d-Biotin oder Penicillin G) im relevanten Konzentrationsbereich nicht möglich ist.

4.1.2 Indirekter Nachweis

Die Problematik, dass niedermolekulare Analyten zu klein für einen direkten und markierungsfreien Nachweis mittels Biosensoren sind, ist bereits früh erkannt worden und nicht auf massesensitive Sensoren wie den SAW Biosensor beschränkt. So wurde bereits 1994 für die SPR-Technologie festgestellt, dass Verbindungen unter 5.000 g/mol über die Interaktion mit auf der Oberfläche befindlichen Antikörpern nicht detektiert werden konnten [Kar1994]. Verschiedenste kompetitive Assays, die auf Konkurrenzbindungen beruhen, wurden insbesondere für den indirekten Nachweis des Antibiotikums Penicillin G entwickelt [Set1999; Cac2005]. Diese ermöglichen in der Regel den Nachweis im gewünschten Konzentrationsbereich des Analyten, sind aber mit erheblichen Zeit- und Kostenaufwand für die Vorbereitung der eigentlichen Analyse verbunden.
Nicht-kompetitive Methoden wie der Sandwich-Assay oder der Inhibierungsassay gelten als vielversprechende Alternativen für einen schnellen und sensitiven Nachweis niedermolekularer Analyten [Gir1999; Mit2005]. Diese wurden in der vorliegenden Arbeit für den Nachweis von d-Biotin und Penicillin G verwendet.

Der Sandwichassay beruht auf der Interaktion von zwei Bindungspartnern mit dem Analyten. Gemessen werden kann der durch Vorinkubation entstandene Komplex aus Analyt und Bindungspartner 2 (siehe Abb. 3-5, 2a) oder die Konzentration des zweiten Bindungspartners an den auf der Oberfläche befindlichen Komplex aus Analyt und Bindungspartner 1 (siehe Abb. 3-5, 2b). In beiden Fällen konnte weder d-Biotin noch Penicllin G nachgewiesen werden (siehe Kapitel 3.1.1.3 bzw. 3.1.2.3). Die Ergebnisse sind hierbei unabhängig von den verwendeten Bindungspartnern und Immobiliseierungsstrategien des jeweils auf der Oberfläche befindlichen Fängermoleküls (siehe Kapitel 3.1.2.3).

Dies kann auf folgende Gründe zurückzuführen sein. Zum einen sind die niedermolekularen Analyten d-Biotin und Penicillin G so klein, dass es schwierig ist, zwei große Bindungspartner mit diesen interagieren zu lassen ohne, dass es zur sterischen Hinderungen und somit zu einem Verlust der Bindungseffiziens kommt. Zum anderen kann im Fall von d-Biotin nicht ausgeschlossen werden, dass Streptavidin und anti-Biotin an der gleichen Erkennungsstruktur von d-Biotin binden (es gab keine näheren Angaben des Herstellers zur Antigen-Bindungsstelle von anti-Biotin). Ein Sandwich-Assay ermöglicht demnach mit dem SAW Biosensor nicht den Nachweis von niedermolekularen Analyten. Hieraus lässt sich auch schließen, dass ein Versuch mittels Partikel-Markierung (Abb. 3-5, 1), die auf einem ähnlichen Prinzip

(Nachweis mittels eines zweiten Bindungspartners) beruht, nicht zum gewünschten Erfolg führen würde.

Ein Inhibierungsassay ist die zweite nicht-kompetitive Möglichkeit ein kleines Molekül wie d-Biotin oder Penicillin G im relevanten Konzentrationsbereich nachweisen zu können. Er beruht auf dem Nachweis der noch freien Bindungspartner, die sich in einer vorinkubierten Probe mit dem Analyten befinden und keine Bindung eingegangen sind. Dementsprechend wird ein großes Molekül nachgewiesen, womit das Problem der geringen Analytmasse umgangen wird.
Im Rahmen dieser Arbeit konnte mit dem Modellanalyt d-Biotin ein Protokoll entwickelt werden, dass in wenigen Schritten den Nachweis von 10 ng/ml d-Biotin in PBS erlaubt (siehe Kapitel 3.1.1.3). Hierfür wurde vorab die ideale Ligandenkonzentration, die auf der Sensoroberfläche immobilisiert wird und mit dem noch freien zur Verfügung stehenden Bindungspartnern (hier: anti-Biotin) in Wechselwirkung tritt, ermittelt (siehe Abb. 3-6). So konnte für den Inhibierungsassay jeweils ein signifikantes und reproduzierbares Nullsignal (enthält nur den Antikörper) gemessen werden, dass den Unterschied zu den geringeren Signalhöhen bei steigender d-Biotin-Konzentration deutlich veranschaulicht (siehe Abb. 3-7). Vorteile dieses Verfahrens sind der minimale präparative Aufwand (Vorinkubation der Probe mit dem Antikörper von max. zwei Stunden) und die nur geringfügigen zusätzlichen Kosten (Einsatz von 2,2 µM anti-Biotin pro Sensor im Vergleich zu 1,8 µM bei einer kovalenten Immobilisierung des Antikörpers), da nur ein Bindungspartner (hier: anti-Botin) verwendet wird. Die entstandenen Kosten zur Kopplung von d-Biotin auf der Sensoroberfläche sind vernachlässigbar gering.

Die Entwicklung eines adäquaten Protokolls für den indirekten Nachweis von Penicillin G hat sich etwas schwieriger gestaltet. Denn im Gegensatz zu den zu erwartenden Ergebnissen eines Inhibierungsassays, stiegen die Signale nach einem Abfall bei niedrigen Konzentrationen mit erhöhter Analytkonzentration (ab 1 µg/ml Penicillin G) wieder an (siehe Kapitel 3.1.2.3). Dieser Effekt ist vermutlich auf die Interaktion des in dem Probenmix befindlichen Komplexes aus Penicillin G und Antikörper mit dem auf der Oberfläche immobilisierten Liganden (Penicillin G) zurückzuführen [deW1975]. Auf Grund der Massebeladung mit dem Antikörper, kann die Interaktion zwischen Analyt und Ligand vom SAW Biosensor als Frequenzänderung wahrgenommen werden. Dieser unerwünschte Effekt konnte über die Ermittlung einer geeigneten Ligandenkonzentration minimiert werden und Penicillin G ließ sich dennoch weitehin in einer Konzentration von 10 ng/ml nachweisen (siehe Abb. 3-11 und

3-12). Es ist zu vermuten, dass für die Bindung aus Antikörper und Penicillin G ein ähnliches Diagramm zur Ermittlung der maximalen Bindungskapazität, wie bei d-Biotin (siehe Abb. 3-6), erstellt werden kann. Damit könnte der Nachweis von niedrigen Penicillinkonzentrationen mittels Inhibierungsassay optimiert werden und die unspezifischen Bindungen aus Analyt und Ligand könnten noch weiter vermindert werden.

Für Penicillin G liegt die von der EU für Lebensmittel festgelegte Nachweisgrenze bei 4 ng/ml. Es muss in weiteren Versuchsreihen gezeigt werden, dass mittels des SAW Biosensors und des im Rahmen dieser Arbeit entwickelten Inhibierungsassays ein Nachweis von unter 10 ng/ml möglich ist. Erste Messungen konnten dies bestätigen (siehe Abb. 3-10) und müssen noch validiert werden. Des Weiteren sind Versuchsreihen mit Milch durchzuführen, da dies die am häufigsten vorkommende Realprobe für Analysen auf Antibiotikarückstände in Lebensmitteln ist. Mit der in dieser Arbeit vorgestellten Analysemethode ist ein Nachweis von Penicillin G mit geringen Kosten, im Vergleich zu Biosensoren basierend auf SPR-Technologie, und einem Zeitaufwand von knapp zwei Stunden inklusive Inkubationszeit möglich. Der Assay erfordert keinen weiteren präparativen Aufwand, wie z. B. einen Brutschrank, wie er bei mikrobiolgischen Tests üblich ist oder einen Heizblock, wie er häufig bei kommerziell erhältlichen Immunkits benötigt wird (siehe Kapitel 1.5.3.3). Ebenso sind keine weiteren signalverstärkenden Markierungen, wie Goldpartikel notwendig, wie si häufig für optische Biosensoren eingesetzt werden [Mit2005].

4.2 Einfluss des Hydrogels

Die für markierungsfrei arbeitende unabdingbare Beschichtung mit intermediären Hydrogelen zur Abschirmung unspezifischer Interaktionen, beeinflusst jedoch ebenfalls die Signalhöhe und Sensitivität des Sensors. Entscheidend für die Ankopplungseffizienz der Fängermoleküle sind die Dichte, Dicke, Anwesenheit und Zugänglichkeit funktioneller Gruppen sowie die räumliche Struktur des Hydrogels.

Die besonders bei den optischen Biosensoren, die auf RIfS- oder SPR-Technologie beruhen, zur Beschichtung eingesetzten Hydrogele Dextran und Polyethylenglykol [Bir2000; Zim2003; Meh2008], werden auch bei massesensitiven Sensoren wie QCM oder SAW verwendet [Län2008a; Che2009]. Wie bereits in der hier vorliegenden Arbeit gezeigt werden konnte besitzt das Hydrogel beim Nachweis von niedermolekularen Analyten nur einen minimalen bzw. keinen Einfluss auf die Sensitivität des Sensors, sowie auf die Signalhöhe der Sensorantwort. Beim Nachweis höhermolekulerer Analyten konnte die Abhängigkeit der Signalantwort bei der Beprobung mit der jeweils gleichen Analytkonzentration bereits veranschaulicht werden [Län2008b; Län2009b]. Während die Fängermoleküle auf dreidimensionalen Hydrogelen, wie Dextran (Abb. 4-1 A), auf und in der Schicht binden, findet bei zweidimensionalen Hydrogelen, wie PEG (Abb. 4-1 B), im Wesentlichen eine Kopplung an der Oberfläche statt. Dementsprechend sollte bei PEGs die Masseanlagerung deutlich über Änderungen der Viskoelastizität dominieren und somit den größeren Einfluss auf die Frequenzänderung haben. Auf diese Weise beeinflusst die Dimension des Hydrogels die Signalhöhe. Diese Beeinflussung ist jedoch ebenfalls abhängig von der Molmasse der Bindungspartner auf der Sensoroberfläche und des Analyten selbst. Aus diesem Grund müssen Beschichtungssysteme jeweils anwendungsspezifisch adaptiert werden.

Abb.4-1: Schematische Darstellung der eingesetzten Hydrogele (nach [Zim2003]).

Eine höhere Dichte der Schicht führt nicht zwangsläufig zu einer verbesserten Ankopplungseffizienz. Auf Grund der erhöhten Anzahl funktioneller Gruppen kann es bei der Immobilisierung von großen Fängermolekülen oder Linkern zum Verlust der Bindungseffizienz durch gegenseitige Hinderung der Moleküle auf der Oberfläche kommen. Diese Problematik wurde ebenfalls bei entsprechenden Arbeiten mit SAM auf Gold festgestellt [Jan2008].

In der hier vorliegenden Arbeit konnte mit dem Modellanalyt biotinyliertes BSA (b-BSA), der Einfluss der eingesetzten Hydrogele Dextran und Polyethylenglykol und der damit zusammenhängenden Ankopplungsmethoden auf die Sensitivität und Signalantwort des SAW Biosensors dargestellt werden (siehe Kapitel 3.2.1). So konnte gezeigt werden, dass die Verwendung von biotinyliertem PEG (AB-PEG) zur affinen Anbindung des Bindungspartners Streptavidin eine höhere Signalantwort bei 1 µg/ml b-BSA liefert als die kovalente Anbindung der gleichen Konzentration von Streptavidin an carboxyfunktionalisiertes Aminodextran (siehe Abb. 3-13). Im Idealfall bildet Streptavidin über die gerichtete Anbindung an die Biotin-Gruppen des zweidimensionalen AB-PEGs eine Art Monolayer von Bindungsstellen, die für b-BSA zur Verfügung stehen. Bei der Verwendung von gebundenem Streptavidin an dreidimensionalem AMD_{+GA} (M_r 3.000) kann es möglicherweise zu sterischen Hinderungen des Fängermoleküls innerhalb der Schicht kommen und somit zu einer verminderten Anbindung des Analyten. Dies macht sich dann vor allem bei der Detektion niedriger Analytkonzentration bemerkbar. Für die Entwicklung weiterer Immobilisierungsprotokolle wurde, basierend auf diesen Ergebnissen, AB-PEG verwendet (siehe auch Kapitel 4.3).

Polyethylenglykol wird wegen seiner abschirmenden Wirkung nicht nur in der Biosensorik verwendet, sondern findet auch Einsatz in der Pharmazie und Biotechnologie. Sowohl im biomedizinischen Einsatz (zur Beschichtung von Medikamententrägern) als auch in der Biosensorik, ist die räumliche Struktur abhängig von der Länge und Dichte der Ketten [Wat2008]. So können, je nach Ankopplungsprozess der Immobilisierungsmatrix, unterschiedliche Konformationen der PEG-Ketten entstehen (Abb. 4-2) und auf diese Art und Weise ebenfalls die Signalantwort bei Analytbeprobung beeinflussen [Mut2004]. Für Messungen mit dem SAW Biosensor ist hierbei besonders die Schichtdicke von entscheidender Bedeutung. Die Interaktion des Analyten mit dem am Hydrogel gebundenen Fängermolekül kann nur detektiert werden, wenn sich diese noch innerhalb der Eindringtiefe der akustischen Oberflächenwelle befindet. Diese wurde für den SAW Sensor mit etwa 27 nm errechnet (siehe Kapitel 1.3.4 und [Län2009b]). Besonders bei Mehrschichtenaufbauten, bestehend aus Hydrogel, Linker und Fängermolekül, wie sie im Rahmen dieser Arbeit am Modellanalyten b-BSA und für den Nachweis der beiden Brustkrebsmarker HER-2 und TIMP-1 entwickelt und eingesetzt worden sind, kann dies zu Problemen führen und muss bei der Betrachtung der Ergebnisse berücksichtigt werden.

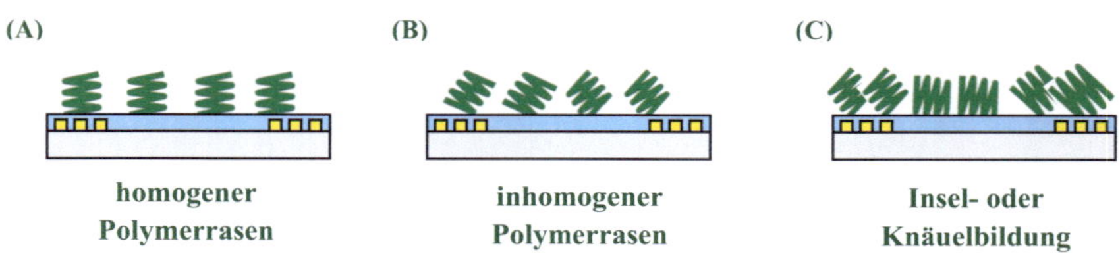

Abb.4-2: Mögliche Konformationen bei der Oberflächenbelegung mit PEG-Ketten (nach [Mut2004]).

So konnte festgestellt werden, dass beim Nachweis von b-BSA, HER-2 und TIMP-1 nach Ankopplung des Antikörpers über die Linker Streptavidin (bzw. Neutravidin bei HER-2) und biotinyliertes Protein A mit einem so entwickelten Mehrschichtensystem Konzentrationen von 1 ng/ml b-BSA, 10 ng/ml HER-2 bzw. 2 ng/ml TIMP-1 nachgewiesen werden konnten, die Signalantwort jedoch bei steigender Konzentration wieder abnimmt (siehe Abb. 3-16, Abb. 3-22, Abb. 3-27). Hierfür sind drei Gründe anzuführen. Zum einen besitzt das Hydrogel AB-PEG mit M_r 3.000 eine höhere Molmasse wie beispielsweise DC-PEG (M_r 2.000). Im Idealfall (siehe Abb. 4-2 A) würde dies zu einer Schichtdicke von 30 nm führen [Mut2004]. Zum anderen wird über das Ankoppeln von zwei Linkern und dem Antikörper die Schichtdicke zusätzlich erhöht. Somit kann über die Eindringtiefe der akustischen Oberflächenwelle dann nur noch geringfügige weitere Beladungen mit geringen Analytmengen detektiert werden. Höhere Konzentrationen werden nicht mehr wahrgenommen und es erfolgt keine oder eine geringere Signalantwort. Dieser Effekt wird drittens noch durch die Verwendung von Konzentrationsreihen verstärkt. Zur Vermeidung sinkender Signalhöhen bei höheren Konzentrationen müssten demnach Einzelnachweise durchgeführt werden, um die „wahre“ Signalantwort ermitteln zu können.

4.3 Einfluss der Ankopplungsmethode

Abhängig von den im Hydrogel vorhandenen funktionellen Gruppen, muss die Ankopplungsmethode entsprechend ausgewählt werden. Während für carboxy-funktionalisierte Immobilisierungsmatrices nur eine kovalente Kopplung des Fängermoleküls oder Linkers mittels Carbodiimid-Chemie in Frage kommt, können biotinylierte Hydrogele zur affinen Ankopplung von Avidin-Varianten wie Streptavidin oder Neutravidin verwendet werden. Letztgenannte eignen sich zur weiteren Anbindung von biotinylierten Linkern oder biotinylierten Analyt-Bindungspartnern.

Die kovalente Immobilisierungsmethode über die EDC/NHS-Aktivierung der Carboxy-Gruppen des Hydrogels wird insbesondere für die SPR-Technologie eingesetzt [Fis2010] und wurde in vorangegangen Arbeiten an die Bedingungen des SAW Sensors angepasst [Bar1998; Län2008b; Län2009b]. Nachteil dieser Methode ist die ungerichtete Ankopplung des Fänger-moleküls an die Sensoroberfläche, insbesondere von Antikörpern. Im Rahmen dieser Arbeit konnte gezeigt werden, dass sich die kovalente und direkte Immobilisierung des

Analyt-Bindungspartners sich nicht für den Nachweis höhermolekularer Analyten, wie b-BSA, HER-2 oder TIMP-1, in geringen Konzentrationen (unterhalb von 1 µg/ml) eignet. Dies ist unabhängig vom eingesetzten Bindungspartner und dessen Konzentration. Über die Einführung von Linkern und der Verwendung längerer Reaktionszeiten konnte die Sensitivität des SAW Biosensors gesteigert werden. So konnte ein Protokoll entwickelt werden, mit dem b-BSA ab 1 ng/ml über ein auf AB-PEG aufgebrachtes Zwei-Linker-System, bestehend aus Streptavidin und biotinyliertem Protein A, zur Ankopplung des Antikörpers anti-Biotin, nachgewiesen werden kann (siehe Abb. 3-16).

Der Brustkrebsmarker HER-2 konnte ebenfalls über den Einsatz des entwickelten Zwei-Linker-Systems, bestehend aus Neutravidin, biotinyliertem Protein A, zur Ankopplung des Antikörpers anti-HER-2, bereits ab 10 ng/ml (siehe Abb. 3-21) nachgewiesen werden. Für die beiden Brustkrebsmarker stehen auch biotinylierte Antikörper zur Verfügung, die dann eine Ankopplung über nur einen Linker, nämlich ein biotin-bindendes Protein wie Streptavidin oder Neutravidin ermöglichen. Ein direkter und markierungsfreier Nachweis von 2 ng/ml TIMP-1 konnte bereits unter Verwendung von nur einem Ein-Linker-System (Streptavidin) auf DC-PEG gezeigt werden (siehe Ab. 3-26).

Die affine Ankopplung des Fängermoleküls an AB-PEG bietet den Vorteil einer schnelleren und chemikalienfreien Anbindung, erfordert aber immer die Verwendung eines biotin-bindenden Proteins, wie Streptavidin oder Neutravidin, das das Hydrogel mit weiteren biotinylierten Linkern oder dem biotinyliertem Fängermolekül verbinden kann. Nicht in allen Fällen steht ein biotinylierter Antikörper zur Verfügung, so dass im Rahmen dieser Arbeit ein flexibles Zwei-Linker-System entwickelt wurde, dass die Anbindung von Antikörpern über biotinylierte Fc-Rezeptoren, wie Protein A, ermöglicht. Die Verwendung von Fc-Rezeptoren wurde bereits in der Biosensorik zur Sensitivitätssteigerung eingesetzt [Giz1997b; Mar2006; Jan2008]. Jedoch wurde hierbei meist vorab noch eine Goldbeschichtung verwendet. So ist beispielsweise ein direkter Nachweis von HER-2 durch die Arbeiten von V. S. Martin und Kollegen gezeigt worden [Mar2006]. Auf Basis der SPR-Technologie ist es gelungen, 11 ng/ml des vollständigen Transmembranproteins (p185), das aus Gewebeproben isoliert wurde, zu detektieren. Hierzu wurde der Antikörper Trastuzumab (Herceptin®) gerichtet an rekombinantes Protein G auf einer dünnen Goldschicht gekoppelt. Der Nachweis wurde in Puffer (PBS) erbracht. Die Konzentrationsbestimmung der extrazellulären Domäne (p105), die vorab aus Zellkulturen gewonnen wurde, gestaltete sich auf Grund der schlechten und reversiblen Bindung zu Herceptin schwierig und konnte nicht ermittelt werden.

Die im Rahmen dieser Arbeit entwickelte Präparation der SAW Biosensoren nahm für den Nachweis von 10 ng/ml HER-2 über ein Zwei-Linker-System nur 120 Minuten und für den Nachweis von 2 ng/ml TIMP-1 über ein Ein-Linker-System 90 Minuten in Anspruch, jeweils inklusive der Blockierungsschritte. Die Analyse der Probe selbst beträgt nur 10 Minuten. Demnach bieten vergleichbare Immobilisierungstechniken, die für Biosensoren basierend auf der SPR-Technologie angewendet wurden, keine bessere Sensitivität und sind in der Präparation zusätzlich wesentlich zeitintensiver [Mar2006; Chu2006]. Somit steht mit dem SAW Biosensor ein preisgünstiger und mit den in dieser Arbeit entwickelten Immobilisierungsprotokollen des Weiteren ein schnelles und sensitives Analyseverfahren für den Nachweis medizinisch relevanter Proteine zur Verfügung.

4.4 Offene Fragen und Ausblicke

Im Rahmen dieser Arbeit konnte über die Wahl des geeigneten Assayformates, des Hydrogels und der Ankopplungsmethode Protokolle für den Nachweis von Penicillin G und der beiden Brustkrebsmarker HER-2 und TIMP-1 entwickelt werden. Dennoch bleiben einige Fragen ungeklärt und müssen in weiteren Schritten bearbeitet werden.

Reproduzierbarkeit und Realmessungen

Die z. T. vorhandene geringe Reproduzierbarkeit, müsste über Automatisierungsprozesse der Beschichtungs- und Immobilisierungsprotokolle verbessert werden können. Danach müssen die entwickelten Beschichtungen in weiteren Messreihen unter Verwendung von Realproben (Serum bzw. Milch) auf ihre abschirmende Wirkung gegen Fremdproteine und damit ihre Sensitivität gegenüber dem Analyten überprüft werden.

Über Nachweise der einzelnen Konzentrationen der Brustkrebsmarker (statt Konzentrationsreihen) können dann Kalibriergeraden erstellt werden, die eine präzise und schnelle Analytdetektion ermöglichen.

Alternative Detektorprinzipien

Erst vor drei Jahren konnte mittels eines impedimetrischen Fließ-Injektions-Immunosensors Penicillin G unterhalb der geforderten Nachweisgrenze markierungsfrei und direkt innerhalb von 45 Minuten in Rohmilch nachgewiesen werden [Tha2007]. Aktuell laufende Arbeiten auf dem Gebiet der Impedanzmessung ermöglichen hier eventuell eine Alternative zum SAW

Biosensor, die sich mit den in dieser Arbeit entwickelten indirekten Nachweis über einen Inhibierungsassay eventuell in der zu detektierenden Nachweisgrenze, Kosten und Zeitintensität vergleichen lässt.

Lagerung beschichteter SAW Biosensoren

Bisheriger Schwachpunkt der Biosensoren, war die geringe Lagerfähigkeit bzw. der Verlust der Signalstärke durch Lagerung. Die für den Einsatz in der medizinischen Routinediagnostik oder in der Lebensmittelüberwachung verwendeten ELISA-Mikrotiterplatten können jedoch über einen längeren Zeitraum (i. d. R. ein halbes Jahr) gelagert werden. Die für die Lagerung der präparierten SAW Biosensoren notwendigen Parameter müssen noch im Detail getestet werden. Erste Versuchsreihen (Daten hier nicht gezeigt) haben ergeben, dass eine Lagerung in Puffer (PBS) von bis zu vier Wochen keinen negativen Einfluss auf die anschließenden Signalantworten bei Analytbeprobung hatte.

Multiplex-Analysen

Des Weiteren besteht bei dem SAW Biosensor die Möglichkeit zum Aufbau eines kostengünstigen Arrays, das eine Parallelanalyse von mehreren Analyten, z. B. für ein Krebsmarkerprofil, zulassen würde. In einer vorangegangenen Doktorarbeit [Rap2008] wurde ein Prototyp entwickelt, der über die Integration der Fluidik mittels eines Polymerchips die Verbindung von insgesamt 8 SAW Biosensoren mit der Probe ermöglicht. Im Rahmen der hier vorliegenden Arbeit wurde das Beschichtungsprotokoll für die hierbei verwendeten SAW Biosensorchips (bestehend aus Poylcarbonat) angepasst [Län2009a]. Mit diesen sind zukünftige Affinitätsmessungen möglich. Erste Versuche wurden mit dem hierfür im Rahmen dieser Arbeit entwickelten Standardprotokoll beruhend auf der Interaktion von auf der Oberfläche befindlichen b-BSA mit dem in der Probe enthaltenen Streptavidin (siehe Abb. 2-5) durchgeführt. Als Refernzanalyse sollten mit BSA immobilisierte SAW Biosensoren dienen. Aus den ersten Messungen ergaben sich Schwierigkeiten, die sich auf Undichtigkeit der fluidischen Anschlüsse, Materialeigenschaften des Polycarbonats (z. B. Aufquellung) oder der Ausleseelektronik zurückführen ließen. Zum Teil sind diese Probleme inzwischen behoben worden, so dass nun noch die Affinitätsmessung mit diesem Gesamtsystem ausstehen. Weitere Beschichtungsmöglichkeiten, wie z. B. die Verwendung von SAM auf Gold würden sich hierdurch ergeben und möglicherweise zu einer weiteren Sensitivitätssteigerung führen.

5 Zusammenfassung

Ziel dieser Arbeit war die Entwicklung und Optimierung von Beschichtungs- und Assay-protokollen für den Einsatz der SAW Biosensoren in verschiedenen biomedizinischen Anwendungsgebieten.

Bereits seit einigen Jahren werden die kostengünstigen SAW Bauteile für die Biosensorik verwendet. Das Messprinzip der SAW Biosensoren beruht auf der Detektion der Frequenz-verschiebung der Bauteile im Oszillatorschaltkreis. Diese resultiert aus der Veränderung der Oberflächenwellen-Ausbreitungsgeschwindigkeit bei der Analytbindung auf Grund von Massebeladung. Sowohl die Beschichtung der Sensoroberfläche mit einer intermediären Hydrogelschicht als auch die daran angeschlossene Immobilisierung der spezifischen Analyt-Bindungspartner beeinflussen jedoch die Signalantwort der SAW Biosensoren beträchtlich. Aus diesem Grund mussten anwendungsspezifische Beschichtungsprotokolle entwickelt werden, die aber dennoch auf einer möglichst flexiblen und einfach durchführbaren Standardprozedur beruhen sollten.

Im Fokus der Arbeit lagen der Nachweis des Antibiotikums Penicillin G und die Konzentrationsbestimmung von zwei Proteinmarkern für Brustkrebs. Auf Grund der unterschiedlichen Molmassen der genannten Analyten mussten die Beschichtungsprotokolle und Assayformate jeweils angepasst werden. Im Rahmen dieser Arbeit wurden Protokolle für die geeignete Oberflächenfunktionalisierung entwickelt, die es nun ermöglichen, die genannten Analyten in den relevanten Konzentrationsbereichen mit dem SAW Biosensor zu detektieren.

Mittels des niedermolekularen Vitamin H (d-Biotin), das als Modellanalyt verwendet wurde, konnte ein Inhibierungsassay entwickelt werden, der einen markierungsfreien Nachweis von 10 ng/ml d-Biotin ermöglichte. Das entwickelte Assayprotokoll wurde auf die praxisnahe Anwendung, den Nachweis des ß-Laktam-Antibiotikums Penicillin G übertragen. Hierbei musste zusätzlich die unerwünschte Interaktion der Penicillinmoleküle, die sich bei einem Inhibierungsassay sowohl als Ligand auf der Oberfläche als auch als Analyt in der Probe befinden, vermindert werden. Mit einer optimierten Ligandenkonzentration konnte das Antibiotikum nicht nur in einer Konzentration von 10 ng/ml nachgewiesen werden, sondern es konnten auch die Effekte auf Grund der Analyt-Ligand-Bindung bei höheren Konzen-trationen minimiert bzw. teilweise. vollständig verhindert werden. Der Nachweis der in dieser Arbeit verwendeten Brustkrebsmarker HER-2 und TIMP-1 erforderte in erster Linie die Entwicklung einer geeigneten Immobilisierungsstrategie für die zur Verfügung stehenden spezifischen Antikörper. Vorversuche hierzu wurden mittels eines höhermolekularen Modellanalyten durchgeführt. Es wurde auf das im Blut von Rindern vorkommende Protein BSA (Rinderserumalbumin), das mit dem bereits bekannten Biotin markiert war, zurückgegriffen. Auf Grund dieser Markierung ließ sich biotinyliertes BSA über einen spezifischen Antikörper gegen Biotin nachweisen. Unter Verwendung direkter Ankopplungsmethoden, die auf der kovalenten Bindung der Antikörper an ein carboxyliertes Hydrogel beruhen, konnte kein Nachweis von biotinyliertem BSA in einem Konzentrationsbereich unter 1 µg/ml erbracht werden. Im Rahmen dieser Arbeit wurde ein Immobilisierungsprotokoll für ein Zwei-Linker-System entwickelt. Dieses beruht auf einem affin gebunden Biotin-bindenden Protein (z. B. Streptavidin, Neutravidin), das als primärer Linker über vier Bindungsstellen für Biotin einerseits die Anbindung an ein mit Biotin-Gruppen substituiertes Hydrogel, z. B. Polyethylenglykol (AB-PEG), ermöglicht und andererseits die Bindung eines biotinylierten Fc-Rezeptors erlaubt. Über diesen zweiten Linker kann der jeweilige Antikörper gerichtet über die Fc-Region gekoppelt werden. Zusätzlich wurden die Ankopplungszeiten für die einzelnen Komponenten von 4 Minuten auf 30 Minuten erweitert. Auf Grund dieses Verfahrens wurde es möglich, biotinyliertes BSA bereits ab 1 ng/ml direkt und markierungsfrei mit dem SAW Biosensor nachzuweisen. Des Weiteren kann dieses Immobilisierungsprotokoll für jeden zur Verfügung stehenden Antikörper verwendet werden. Somit steht eine flexible Standardprozedur für die gerichtete Ankopplung von Antikörpern und den damit möglichen Nachweis höhermolekularer Analyten zur Verfügung.

Die mit dem Modellanalyten entwickelten Protokolle wurden für den Nachweis der beiden Brustkrebsmarker optimiert. Der Nachweis von 10 ng/ml HER-2 gelang ebenfalls mit einer auf zwei Linkern beruhenden Ankopplung des Antikörpers unter Verwendung der verlängerten Inkubationszeiten. Der primäre Linker (in diesem Fall Neutravidin) konnte hierfür sowohl kovalent auf DC-PEG als auch affin an AB-PEG gebunden werden ohne die anschließende Signalantwort signifikant zu beeinflussen. Dennoch besitzt eine affine Ankopplung auf AB-PEG den Vorteil einer einfachen und zeitsparenden Methode.

Für den Nachweis von TIMP-1 erbrachte bereits das entwickelte Protokoll eines Ein-Linker-Systems die Möglichkeit, das Markerprotein in einer Konzentration von 2 ng/ml nachzuweisen. Hierfür wurde eine kovalente Anbindung von Streptavidin auf DC-PEG und eine anschließende affine Kopplung des biotinylierten Antikörpers unter Verwendung der verlängerten Inkubationszeiten eingesetzt.

Im Rahmen dieser Arbeit konnte der Einfluss des Assayformats, des Hydrogels und der Ankopplungsmethode gezeigt werden. Es ist gelungen ohne signalverstärkende wellenführende Schichten Konzentrationen im unteren Nanogramm/Milliliter-Bereich von medizinisch relevanten Verbindungen nachzuweisen. Somit kann abschließend festgestellt werden, dass der SAW Biosensor sich für den Einsatz in biomedizinischen Anwendungen eignet und in der Analytsensitivität mit aktuell eingesetzten Verfahren, wie z. B. dem ELISA, vergleichbar ist.

A Abkürzungsverzeichnis

AB-PEG	Amino-Biotin-Polyethyleneglykol
Ag	Antigen
AMD	Aminodextran
APM	Akustische Plattenmode, engl. acoustic plate mode
BSA	Rinderserumalbumin, engl. bovine serrum albumin
DCM	Dichlormethan
DC-PEG	Dicarboxy-Polyethylenglykol
DIC	N,N'-Diisopropylcarbodiimid
EDC	N-(3-Dimethylaminopropyl)N'-ethylcarbodiimid Hydrochlorid
ELISA	Enzyme linked immunosorbent assay
EU	Europäische Union
EWG	Europäische Wirtschaftsgemeinschaft
EZM	Extrazelluläre Matrix
FIA	Fließ-Injektions-Analyse
GC	Gaschromatograph
HER-2	Humaner epidermaler Wachstumsfaktorrezeptor 2, engl. human epidermal growth factor receptor 2
HF	Hochfrequenz
HPSSW	Horizontal polarisierte Oberflächen-Scherwellen, engl. horizontally polarized surface shear wave
IDT	Interdigitaltransduktoren, engl interdigital transduce

Ig	Immunglobulin
IgG	Immunglobulin G
LW	Love Wave
M_r	Relative Molmasse
NHS	N-Hydroxysuccinimid
PBP	Penicillin-bindendes Protein
PBS	Phosphat-gepufferte Kochsalzlösung, engl. phosphate buffered saline)
PEG	Polyethylenglykol
QCM	Quarzkristallmikrowaage, engl. quartz crystal microbalance
RT	Raumtemperatur
RW	Raleigh-Welle
SAW	Akustische Oberflächenwelle, engl. surface acoustic wave
SH-APM	Horizontal polarisierte Plattenmoden, engl. shear horizontal acoustic plate mode
SPR	Oberflächenplasmonresonanz, engl. surface plasmon resonance
SSBW	Surface Skimming Bulk Wave
STW	Transversale Oberflächenwelle, engl. Surface Transverse Wave
TIMP-1	Tissue Inhibitor of Metalloproteinases-1

B Materialien und Geräte

Chemikalien	Firma	Bestell-Nr.
(3-Glycidyloxpropyl)trimethoxysilan	Sigma-Aldrich	50040
2-Propanol „LiChrosolv“	MERCK	1.01040
Aceton „LiChrosolv“	MERCK	1.00020
Essigsäure, 100 %	MERCK	1.00063
Ethanol	ROTH	9065.1
Ethanolamin hydrochlorid	MERCK	8.20063
Glutarsäureanhydrid (GA)	Sigma-Aldrich	49660
Kaliumhydroxid (KOH)	MERCK	1.05033
N-(3-Dimethylaminopropyl)N'-ethylcarbodiimid Hydrochlorid (EDC)	Sigma-Aldrich	03449
N,N'-Diisopropylcarbodiimid (DIC)	Sigma-Aldrich	38370
N,N-Dimethylformamid (DMF)	MERCK	1.03053
N'ethylcarbodiimidhydrochlorid (EDC)	Sigma-Aldrich	03449
Natriumhydroxid (NaOH)	MERCK	1.06498
N-Hydroxysuccinimid (NHS)	Fluka	56480
Parylen C (poly(2,5-dichlor-p-xylen), Dimer	Speedline Technologies	Lot 1507
Phosphatgepufferte Kochsalzalzlösung (PBS)	Sigma-Aldrich	P4417
Salzsäure, 1 M HCL	MERCK	1.09057

Antikörper

monoklonale Antikörper	Immunogen	Host	Firma	Bestell-Nr.
anti-hHER-2 Klon 191924	Extrazelluläre Domäne des humanen HER-2	Maus (IgG_{2B})	R&D Systems	MAB 1129
anti-hTIMP-1 Klon 63515	humanes TIMP-1	Maus (IgG_{2B})	R&D Systems	MAB970
anti-hTIMP-1 Klon 147-6D11	humanes TIMP-1	Maus (IgG_1)	Calbiochem	IM41
anti-Penicillin Klon 8.F.223	Penicillin (100%)	Maus (IgG_1)	Biomol	P317510
anti-Penicillin G Klon 3H350	Penicilin G (bindet am ß-Lactamring)	Maus ($IgG_{1,k}$)	Biomol	P3175-11

polyklonale Antikörper	Immunogen	Host	Firma	Bestell-Nr.
anti-Biotin	d-Biotin	Ziege	Sigma-Aldrich	B3640
biotinyliertes anti-hHER-2	NS0-abstammendes rhHER-2 (EZD)	Ziege (IgG)	R&D Systems	BAF 1129
biotinyliertes anti-hTIMP-1	NS0-abstammendes rhTIMP-1	Ziege (IgG)	R&D Systems	BAF 970

Proteine

Protein	Firma	Bestell-Nr.
Benzathin-Penicillin G	Sigma-Aldrich	PENB-10MU
d-Biotin/Vitamin H	Sigma-Aldrich	B-4501
Neutravidin	Thermo Fisher	31000
Penicillin G	Biomol	P3199
Procain-Penicillin G	Sigma-Aldrich	PENP-10MU
Protein A von *Staphylococcus aureus*	Sigma-Aldrich	P6031
Protein A, biotinyliert	Thermo Fisher	29989
Protein G von *Streptococcus sp.*	Sigma-Aldrich	08062
Protein G, biotinyliert	Thermo Fisher	29988
HER-2/Fc Chimäre	R&D Systems	1129-ER
TIMP-1	R&D Systems	970-TM
Rinderserumalbumin (BSA)	SERVA	11924
Rinderserumalbumin, biotinyliert (b-BSA)	Sigma-Aldrich	A-8549
Streptavidin	ROCKLAND	S000-01
Streptavidin	ROCKLAND	S000-01

Hydrogele

Hydrogel	M_r	Firma	Bestell-Nr.
Aminodextran	3.000	Invitrogen	3330
Aminodextran	10.000	Invitrogen	1860
Aminodextran	40.000	Invitrogen	1861
Aminodextran	70.000	Invitrogen	1862
Aminodextran	500.000	Invitrogen	7144
Amino-Biotin-PEG (AB-PEG)	3.000	Rapp-Polymere	133000-25-20
Diamino-PEG (DA-PEG)	2.000	Rapp-Polymere	112000-2
Dicarboxy-PEG (DC-PEG)	2.000	Rapp-Polymere	112000-3

Geräte

Gerät	Beschreibung (Hersteller, Typ,...)
Analysenwaage	Sartorius A200S,
Flanschwerkzeug	Ismatec Flanschwerkzeug und Haltezange, Wertheim, Deutschland
pH-Meter	Metrohm 654 pH-Meter
Pumpe (Peristaltik)	Ismatec, Wertheim, Deutschland
Pumpe (Zahnrad)	Besta-Technik, Wilhelmsfeld, Deutschland
Heizrührer	Janke&Kunkel, IKLAMAG RCT
Magnetrührer	Metrohm E549
Mikrowaage	Santorius M2P
Parylenanlage	Labcoater 1, PDS 2010; Speedline Technologies, IN, USA
Plasma-Reiniger	PDC-32G, Harrick Plasma, NY, USA
SAW-Betriebselektronik	Eigene Herstellung
Schaltventil	Latek-TMV
Kühlzentrifuge	Heraeus, Biofuge fresco

C Veröffentlichungen

Zeitschriftenbeiträge

2010

Gruhl, F.J.; Rapp, M.; Länge, K.
Label free detection of the potential breast cancer marker TIMP-1 with acoustic biosensor
Biosensores & Bioelectronics (2010), *eingereicht*

Rapp, B.E., Gruhl, F.J., Länge, K.
Biosensors with label-free detection designed for diagnostic applications.
Analytical and Bioanalytical Chemistry (2010), *im Druck*

2009

Länge, K.; Gruhl, F.J.; Rapp, M.
Influence of preparative carboxylation steps on the analyte response of an acoustic biosensor.
IEEE Sensors Journal, 9(2009) S. 2033-34 DOI:10.1109/JSEN.2009.2033027

Konferenzbeiträge

2010

Gruhl, F.J.; Rapp, M.; Länge, K.
Label-free detection of breast cancer marker HER-2/neu with an acoustic biosensor.
Eurosensors XXIV 2010, Linz, 05 – 08.09.2010, Procedia Engineering (Proceedings)

Gruhl, F.J; Rapp, B.E.; Länge, K.
Biosensor packaging – adaptation of the surface modification procedure.
Eurosensors XXIV 2010, Linz, 05 – 08.09.2010, Procedia Engineering (Proceedings)

Gruhl, F.J.; Rapp, M.; Länge, K.
Surface modification of acoustic biosensors for the detection of marker proteins for breast cancer.
Biosensors 2010, 20th Anniversary World Congress on Biosensors, Glasgow, 26. – 28. Mai 2010, Tagungsband (Abstract)

2009

Gruhl, F.J.; Rapp, B.E.; Rapp, M.; Länge, K.
Oberflächenmodifikation von SAW (Surface Acoustic Wave) Biosensorchips für biomedizinische Anwendungen.
Gerlach, G. [Hrsg.] 9. Dresdner Sensor-Symp., Dresden, 7. - 9. Dezember 2009 Dresden TUDpress, 2009 S. 157-60 (Dresdner Beiträge zur Sensorik ; 39) ISBN 978-3-941298-44-6

Gruhl, F.J.; Rapp, B.E.; Rapp, M.; Länge, K.
Surface acoustic wave (SAW) biosensor chip system - a promising alternative for biomedical applications.
Dössel, O. [Hrsg.] World Congress on Medical Physics and Biomedical Engineering, München, September 7-9, 2009 Vol. 25/VIII: Micro- and Nanosystems in Medicine, Active Implants, Biosensors S. 73-76 Berlin [u.a.] : Springer, 2009 (IFMBE Proceedings ; 25/8) ISBN 978-3-642-03886-0

Rapp, B.E.; Gruhl, F.J.; Länge, K.; Rapp, M.
Speeding up sensor response times by modifying the geometry of the fluidic channel of a disposable array compatible sensor housing for surface acoustic wave biosensors.
Dössel, O. [Hrsg.] World Congress on Medical Physics and Biomedical Engineering, München, September 7-9, 2009 Vol. 25/VIII: Micro- and Nanosystems in Medicine, Active Implants, Biosensors S. 69-72 Berlin [u.a.] : Springer, 2009 (IFMBE Proceedings ; 25/8) ISBN 978-3-642-03886-0

Gruhl, F.J.; Rapp, B.E.; Rapp, M.; Länge, K.
SAW (Surface Acoustic Wave) Biosensorchip-Array für Biomedizinische Anwendungen.
6. Deutsches BioSensor Symp.(DBS 2009), Freiburg, 29.März - 1.April 2009 Tagungsband (Abstract), S. 139

Gruhl, F.J.; Rapp, B.E.; Rapp, M.; Länge, K.
SAW (Surface Acoustic Wave) biosensor chip-array - a potential tool for biomedical analysis.
KIT PhD Symp., Karlsruhe, 18. März 2009, Book of Abstracts, S. 18

2008

Gruhl, F.; Rapp, B.; Länge, K.; Rapp, M.
Surface Acoustic Wave (SAW) Sensor Array für biomedizinische Anwendungen.
Workshop Molekulare Interaktionen an Grenzflächen (MIG-III) zum Thema 'NanoMikro meets NanoBio', Karlsruhe, 6. März 2008

D Curriculum vitae

Persönliche Daten

Name	Friederike Jana Gruhl
Anschrift	August-Dürr-Straße 5, 76133 Karlsruhe
Geburtsdatum	23.01.1980
Geburtsort	Karlsruhe
Staatsangehörigkeit	deutsch
Familienstand	ledig

Schulausbildung

1986-1990	Grundschule: Gartenschule, Karlsruhe
1990-1999	Gymnasium: Goethe-Gymnasium, Karlsruhe

Studium und Qualifikationen

1999-2005	Studium der Biologie an der Universität Karlsruhe (TH)
2001	Vordiplom in Zoologie, Botanik, Chemie, Mathematik
2004	Hauptdiplom in Zoologie, Genetik, Mikrobiologie, Paläontologie
11/2004-07/2005	Diplomarbeit am Zoologischen Institut II, Universität Karlsruhe, „Der Einfluss der nicht-kanonischen Wnt/PCP-Signalkaskade auf Fibronektin“
08/2005-07/2007	Tutorium an der Mathematischen Fakultät II, Universität Karlsruhe Freier Mitarbeiter am Naturkundemuseum Karlsruhe
07/2007-07/2010	Promotion am Institut für Mikrostrukturtechnik, Forschungszentrum Karlsruhe (heute: KIT/Campus Nord) „Oberflächenmodifikation von Surface Acoustic Wave (SAW) Biosensoren für den Einsatz in biomedizinischen Anwendungen“ Abschluss: mündliche Doktorprüfung (Kolloquium) am 12.07.2010

Literaturverzeichnis

[AIM1999] AIM (Analytik in Milch GmbH), München. *Brillantschwarz-Reduktionstest (BRT)*, Agar-Diffusions-Verfahren zum Nachweis von Hemmstoffen und Tierarzneimittel-Rückständen in Milch und Milchprodukten Produkt-information (1999)

[Ali2002] S. M. Ali, K. Leitzel, V. M. Chinchilli, L. Engle, L. Demers, H. A. Harvey, W. Carney, J. W. Allard, A. Lipton. *Relationship of Serum HER-2/neu and Serum CA 15-3 in Patients with Metastatic Breast Cancer*. Clinical Chemistry, 48:8 (2002): 1314–1320

[And1982] J. D. Andrade. *Synthetic hydrogels for biomedical applications*. In "Hydrogels for medical and related applications", ACS Symposium, 31 (1982)

[And2007] H. Anderson, M. Jönson, L. Vestling, U. Lindberg, T. Aastrup. *Quartz crystal microbalance sensor design I. – Experimantal study of sensor response and performance.* Sensors and Actuators B, 123 (2007): 27-34

[Ant2006] G. Antranikian. *Angewandte Mikrobiologie*. Springer-Verlag (2006)

[Aul1973] B. A. Auld. *Acoustic fields and Waves in Solids, Volume II*. Wiley-Interscience Publication, USA (1973)

[Aye2007] C. Ayela, F. Roquet, L. Valera, C. Granier, L. Nicu, M. Pugniére. *Antibody–antigenic peptide interactions monitored by SPR and QCM-D. A model for SPR detection of IA-2 autoantibodies in human serum.* Biosensors and Bioelectronics, 22 (2007): 3113–3119

[Bal2004] W. Baltes, L.W. Kroh. *Schnellmethoden zur Beurteilung von Lebensmitteln und ihren Rohstoffen*. Behr's Verlag, 3.Auflage (2004)

[Bar1986] C. I. Bargmann, M.-C. Hung, R. A. Weinberg. *The neu oncogene encodes an epidermal growth factor receptor-related protein.* Nature, 319:16 (1986): 226-230

[Bar1998] N. Barié. *Entwicklung eines Verfahrens zur flexiblen Biofunktionalisierung von Oberflächen für die Sensorik mit akustischen Oberflächenwellen-Bauteilen.* Doktorarbeit, am Institut für indtrumentelle Analytik, Forschungszentrum und Universität Karlsruhe (TH) (1998)

[Bar1999] N. Barié, H. Sigrist, M. Rapp. *Development of Immunosensors Based on Commercially Available Surface Acoustic Wave (SAW) Devices*. Analusis, 27:7 (1999): 622-629

[Bar2001] N. Barié, M. Rapp. *Covalent bound sensing layers on surface acoustic wave (SAW) biosensors.* Biosensors & Bioelectronics, 16 (2001): 979–987

[Ben1988] E. Benjamini, S. Leskowitz. *Immunologie*. Schwer Verlag Stuttgart (1988)

[Ben2004a] F. Bender, K. Länge, A. Voigt, M. Rapp. Improvement of Surface Acoustic Wave Gas and Biosensor Response Characteristics Using a Capacitive Coupling Technique. Analytical Chemistry, 76 (2004): 3837-3840

[Ben2004b] F. Bender, K. Länge, N. Barié, J. Kondoh, M. Rapp. *On-Line Monitoring of Polymer Deposition for Tailoring the Waveguide Characteristics of Love-Wave Biosensors.* Langmuir, 20 (2004): 2315-2319

[Bia2009] Biacore. www.biacore.com (2009), online

[Bir1995] H. Birkedal-Hansen. *Proteolytic remodeling of extracellular matrix.* Current Opinion in Cell Biology, 7 (1995): 728-735

[Bir1999] O. Birkert, H.-M. Haake, A. Schuütz, J. Mack, A. Brecht, G. Jung, G. Gauglitz. *A Streptavidin Surface on Planar Glass Substrates for the Detection of Biomolecular Interaction.* Analytical Biochemistry, 282 (2000): 200–208

[Boo2006] C. Boozer, G. Kim, S. Cong, HW. Guan, T. Londergan. *Looking towards label-free biomolecular interaction analysis in a high-throughput format: a review of new surface plasmon resonance technologies.* Current Opinion in Biotechnology, 17 (2006): 400–405

[Bre2000] K. Brew, D. Dinakarpandian, H. Nagase. *Tissue inhibitors of metaloproteinases evolution, structure and function.* Biochimica et Biophysica Acta, 1477 (2000): 267-283

[Bru1995] F. Von Bruchhausen, S. Ebel, A. Frahm, E. Hackenthal. *Hagers Handbuch der Pharmazeutischen Praxis*. Springer-Verlag, Band 7, Stoffe A-D (1995)

[Bru1999] F. Von Bruchhausen, S. Ebel, A. Frahm, E. Hackenthal, U. Holzgrabe. *Hagers Handbuch der Pharmazeutischen Praxis*. Springer-Verlag, Folgeband 4, Stoffe A-K (1999)

[Cac2005] G. Cacciatore. *Screening auf Rückstände von Lactam-Antibiotika in Milch: Entwicklung eines optischen Biosensor-Assays mit Penicillin-bindenden Proteinen.* Doktorarbeit., im Fachbereich Mathematik und Naturwissenschaften, Bergischen Universität Wuppertal (2005)

[Cal1987] G. S. Calabrese, H. Wohltjen, M. K. Roy. *Surface Acoustic Wave Devices as Chemical Sensors in Liquids. Evidence Disputing the Importance of Rayleigh Wave Propagation*. Anaytical Chemistry, 59 (1987): 833-837

[Cam2007] C. T. Campbella, G. Kim. *SPR microscopy and its applications to high-throughput analyses of biomolecular binding events and their kinetics*. Biomaterials, 28 (2007): 2380–2392

[Car2003] W. P. Carney, R. Neumann, A. Lipton, K. Leitzel, S. Ali, C. P. Price. *Potential Clinical Utility of Serum HER-2/neu Oncoprotein Concentrations in Patients with Breast Cancer.* Clinical Chemistry, 49:10 (2003): 1579–1598

[Cha1993] Charm. *Charm AIM-96 Hemmstofftest*. Charm Sciences Inc. Produktinformation (1993)

[Cha2007] T. Y. Chang, V. G. Yadav, S. De Leo, A. Mohedas, B. Rajalingam, C. L. Chen, S. Selvarasah, M. R. Dokmeci, A. Khademhosseini. *Cell and protein compatibility of parylene-C surfaces.* Langmuir, 23 (2007): 11718-25

[Che2009] H.-M. Chen, T.-H. Huang, R.-M. Tsai. *A biotin–hydrogel-coated quartz crystal microbalance biosensor and applications in immunoassay and peptide-displaying cell detection.* Analytical Biochemistry, 392 (2009): 1–7

[Chu2006] J. W. Chung, J. . Park, R. Bernhardt, J. C. Pyun. *Immunosensors with controlled orientation of antibodies by using NeutrAvidin-protein A complex at immunoaffinity layer.* Journal of Biotechnology, 126 (2006): 325-333

[Cia2009] M. Cianfrocca, W. Gradishar. *New Molecular Classification of Breast Cancer.* CA: a Cancer Journal for Clinicians, 59 (2009): 303-313

[Cod1999] J. Codony-Servat, J. Albanell, J. C. Lopez-Talavera, J. Arribas, J. Baselga. *Cleavage of the HER-2 Ectodomain Is a Pervanadate-activable Process That Is Inhibited by the Tissue Inhibitor of Metalloproteases-1 in Breast Cancer Cells.* Cancer Research, 59 (1999): 1196–1201

[Coo2001] T. Cooke, J. Reeves, A. Lanigan, P. Stanton. *HER-2 as a prognostic and predictive marker for breast cancer.* Annals of Oncology, 12:Suppl. I (2001): 23-28

[Coo2003] M. A. Cooper. *Label-free screening of bio-molecular interactions.* Analytical Bioanalytical Chemistry, 377 (2003): 834–842

[Cul1997] B. Cullen, D. Silcock, L. J. Brown, A. Gosiewska, J. C. Geesin. *The Differential Regulation and Secretion of Proteinases from Fetal and Neonatal Fibroblasts by Growth Factors.* International Journal of Biochemistry and Cell Biology. 29:I (1997): 241-250

[Cur1880] J. Curie, P. Curie. *An oscillating quartz crystal mass detector.* Comp. Rend., 91 (1880): 294-297.

[Dem2005] A. P. Demchenko. *The future of fluorescence sensor Arrays.* Trends in Biotechnology, 23:9 (2005): 456-460

[Det1966] D. F. DeTar, R. Silverstein. Reactions of carbodiimides. Part I. The mechanisms of the reactions of acetic acid with dicyclohexacarbodiimide. Journal of American Chemical Society, 88 (1966): 1013-1019

[deW1975] A. deWeck. *Arzneimittel- und Penicillin-Allergie als Modell der immunologischen Antwort.* Naturwissenschaften, 62 (1975): 162-166

[Dew1991] J. M. Dewdney, L. Maes, J. P. Raynaud, F. Blanc, J. P. Scheid, T. Jackson, S. Lens, C. Verschueren. *Risk assessment of antibiotic residues of ß lactams and macrolides in food products with regard to their immuno-allergic potential.* Food and Chemical Toxicology, 29 (1991): 477-483

[Doh1999] J. K. Doherty, C. Bond, A. Jardim, J. P. Adelman, G. M. Clinton. *The HER-2/neu receptor tyrosine kinase gene encodes a secreted autoinhibitor.* Proceedings of the National Academic of Science, 96 (1999): 10869–10874

[DSM2009] DSM. *Delvotest zum Nachweis von antibakteriellen Substanzen in Milch.* DSM Food Specialities, Dortmund. Produktinformation (2009)

[Dub1995] T. Dubrovsky, A. Tronin, S. Dubrovskaya, S. Vakula, C. Nicolini. *Immunological activity of IgG Langmuir films oriented by protein A layer.* Sensors and Avtuators B, 23 (1995): 1-7

[Duf2006] M. J. Duffy. *Serum Tumor Markers in Breast Cancer: Are They of Clinical Value?* Clinical Chemistry, 52:3 (2006): 345–351

[Duf2008] M. J. Duffy, P. M. McGowan, W. M. Gallagher. *Cancer invasion and metastasis: changing views.* Journal of Pathology, 214 (2008): 283–293

[Ecc2002] S. A. Eccles. The Role of c-erbB-2/HER-2/neu in Breast Cancer Progression and Metastasis. Journal of Mammary Gland Biology and Neoplasia, 6:4 (2002): 393-406

[Feh2002] T. Fehm, G. Gebauer, W. Jäger. *Clinical utility of serial serum c-erbB-2 determinations in the follow-up of breast cancer patients.* Breast Cancer Research and Treatment, 75 (2002): 97–106

[Fic2005] B. Fichtl, M. Eichelbaum, M. Schwab. *Wirkungen des Organismus auf Pharmaka: allgemeine Pharmakokinetik.* Allgemeine und spezielle Pharmakologie und Toxikologie, Urban und Fischer, München (D), 9 (2005): 36-64.

[Fis2010] M. J. E. Fischer. *Amine Coupling Through EDC/NHS: A Practical Approach.* Surface Plasmon Resonance, Chapter 3 in Methods in Molecular Biology 627, Springer Science+Business Media, LLC (2010): 55-73.

[Fle1929] A. Fleming. *On the antibacterial action of cultures of a penicillium, with special reference to their use in the isolation of B. inuenzae.* British Journal of Experimental Pathology, 10 (1929): 226-236.

[Flo1987] C. A. flori, R. L. Baer. *STW mode analysis and coupling to interdigital transducers.* IEEE Ultrasonic Symposium Proceedings (1987): 313-318

[Fre2009] J. A. Freudenberg, Q. Wang, M. Katsumata, J. Drebin, I. Nagatomo, M. I. Greene. *The role of HER-2 in early breast cancer metastasis and the origins of resistance to HER-2-targeted therapies*. Experimental and Molecular Pathology, 87 (2009): 1–11

[Gar1998] J. L. Garcia, C. J. Nunez, E. G. Gonzalez, J. Osuna, X. Soberon, E. Galindo. *Microbial sensor for new-generation cephalosporins based in a protein engineered ß-lactamase*. Applied Biochemistry and Biotechnolology, 73 (1998): 243-256

[Gat1996] P. Gatsios, M. D. Haubeck, E. Van De Leur, W. Frisch, S. S. Apte, M Greiling, P. C. Heinrich, L. Graeve. *Oncostatin M differentially regulates tissue inhibitors of metalloproteinases TIMP-1 and TIMP-3 gene expression in human synovial lining cells.* European Journal of Biochemistry, 241 (1996): 56-63

[Gau2009] G. Gauglitz, P. B. Luppa. *Point-of-Care-Testing Patientennahe Labordiagnostik.* Chemie in Unserer Zeit, 43 (2009): 308 – 318

[Ged2008] E. T. Gedig. *Handbook of Surface Plasmon resonance*. 1.Auflage, RSC Publishing, Cambridge, UK

[Gir1999] G. Giraudi, L. Anfossi, I. Rosso, C. Baggiani, C. Giovannoli, C. Tozzi. *A General Method To Perform a Noncompetitive Immunoassay for Small Molecules.* Analytical Chemistry, 71 (1999): 4697-4700

[Giz1996] E. Gizeli, C. R. Lowe. *Immunosensors*. Current Opinion in Biotechnology, 7 (1996): 66-71

[Giz1997a] E. Gizeli. *Design considerations for the acoustic waveguide biosensor*. Smart Materials and Structures, 6 (1997): 700–706

[Giz1997b] E. Gizeli, M. Liley, C. R. Lowe, H. Vogel. *Antibody Binding to a Functionalized Supported Lipid Layer: A Direct Acoustic Immunosensor.* Analytical Chemistry, 69 (1997): 4808-4813

[God2007] J. M. Goddard, J. H. Hotchkiss. *Polymer surface modification for the attachment of bioactive compounds.* Progress in Polymer Science, 32 (2007): 698–725

[Gon1997] M. González, L. A. Bagatolli, I. Echabe, J. L. R. Arrondo, C. E. Argaraña, C. R. Cantor, G. D. Fidelio. *Interaction of Biotin with Streptavidin Thermostability and Conformational Changes Upon Binding*. The Journal of Biological Chemistry, 272:17 (1997): 11288–11294

[Goo1990] T. D. Gootz. *Discovery and development of new antimicrobial agents*. Clinical Microbiology Reviews, 3 (1990): 13-31

[Gre2003] R. Gref, P. Couvreur, G. Barratt, E. Mysiakine. *Surface-engineered nanoparticles for multiple ligand coupling*. Biomaterials, 24 (2003): 4529–4537

[Gro2007] T. M. A. Gronewold. *Surface acoustic wave sensors in the bioanalytical field: Recent trends and challenges*. Analytica Chimica Acta, 603 (2007): 119–128

[Gru2009] F. J. Gruhl, B. E. Rapp, M. Rapp, K. Länge. Surface acoustic wave (SAW) biosensor chip system - a promising alternative for biomedical applications. World Congress on Medical Physics and Biomedical Engineering (Springer, Dössel, O. [Hrsg.]), 25/VIII: Micro- and Nanosystems in Medicine, Active Implants, Biosensors (2009): 73-76

[Gus2004] E. Gustavsson, J. Degelaen, P. Bjurking, A. Sternesj. *Determination of ß-lactams in milk using a surface plasmon resonancebased biosensor*. Journal of Agricultural and Food Chemistry, 52 (2004): 2791-2796

[Haa2000] H.-M. Haake, A. Schütz, G. Gauglitz. *Label-free detection of biomolecular interaction by optical sensors*. Fresenius Journal of Analytical Chemistry, 366 (2000): 576–585

[Hah2005] S. Hahn, S. Mergenthaler, B. Zimmermann, W. Holzgreve. *Nucleic acid based biosensors: The desires of the user*. Bioelectrochemistry, 67 (2005): 151– 154

[Hal2001] J. Halámek, M. Hepel, P. Skládal. *Investigation of highly sensitive piezoelectric immunosensors for 2,4-dichlorophenoxyacetic acid*. Biosensors & Bioelectronics, 16 (2001): 253–260

[McH2000] G. McHale, M. I. Newton, M. K. Banerjee, J. A. Cowen. *Acoustic wave–liquid interactions*. Materials Science and Engineering C, 12 (2000): 17–22

[McH200b] G. McHale, R. Lücklum, M. I. Newton, J. A. Cowen. *Influence of viscoelasticity and interfacial slip on acoustic wave sensors.* Journal of Applied Physics, 88:12 (2000): 7304-7312

[Han1993] R. Hanemaaijer, P. Koolwijk, L. Le Clercq, W. J. A. De Vree, V. W. M. Van Hinsbergh. *Regulation of matrix metalloproteinase expression in human vein and microvascular endothelial cells.* Biochemical Journal, 296 (1993): 803-809

[Har2000] D. Harari, Y. Yarden. *Molecular mechanisms underlying HER-2/HER-2 action in breast cancer.* Oncogene, 19 (2000): 6102- 6114

[Har2006] L. Hartwell, D. Mankoff, A. Paulovich, S. Ramsey, E. Swisher. Cancer biomarkers: a systems approach. Nature Biotechnology, 24 (8) (206): 905-908

[Har2007] L. Harris, H. Fritsche, R. Mennel, L. Norton, P. Ravdin, S. Taube, M. R. Somerfield, D. F. Hayes, R. C. Bast Jr. *American Society of Clinical Oncology 2007 Update of Recommendations for the Use of Tumor Markers in Breast Cancer.* Journal of Clinical Oncology, 25 (33) (2007): 5287-5312

[Hay2001a] D. F. Hayes,C. Isaacs, V. Stearns. *Prognostic Factors in Breast Cancer:Current and New Predictors of Metastasis*. Journal of Mammary Gland Biology and Neoplasia, 6 :4 (2001): 375-392

[Hay2001b] D. F. Hayes, H. Yamauchi, G. Broadwater, C. T. Cirrincione, S. P. Rodrigue, D. A. Berry, J. Younger, L. L. Panasci, F. Millard, D. B. Duggan, L. Norton, I. Craig Henderson. *Circulating HER-2/erbB-2/c-neu (HER-2) Extracellular Domain as a Prognostic Factor in Patients with Metastatic Breast Cancer: Cancer and Leukemia Group B Study 86621*. Clinical Cancer Research, 7 (2001): 2703–2711

[Hea1997] B. G. Healy, L. Li, D. R. Walt. *Multianalyte biosensors on optical imaging bundles*. Biosensors and Bioelectronics, 12 (1997): 521-529

[Hol1999] M. N. Holten-Andersen, G. Murphy, H. J. Nielsen, A. N. Pedersen, I. J. Christensen, G. Høyer-Hansen, N. Brünner, R. W. Stephens. *Quantitation of TIMP-1 in plasma of healthy blood donors and patients with advanced cancer.* British Journal of Cancer, 80:3 (1999): 495-503

[Hou1971] J. P. Hou, J. W. Poole. *ß-Lactam antibiotics: their physicochemical properties and biological activities in relation to structure.* Journal of Pharmacological Science, 60 (1971): 503-532

[Hus2010] G. Husmann, P. Kaatsc, A. Katalinic, J. Bertz, J. Haberland, K. Kraywinkel, U. Wolf. *Krebs in Deutschland 2005/2006. Häufigkeiten und Trends. Beiträge zur Gesundheitsberichterstattung des Bundes.* Robert Koch-Institut und die Gesellschaft der epidemiologischen Krebsregister in Deutschland e. V. (Hrsg), Berlin (2010)

[Iwa2005] Y. Iwasaki, E. Tabata, K. Kurita, K. Akiyoshi. *Selective Cell Attachment to a Biomimetic Polymer Surface through the Recognition of Cell-Surface Tags.* Bioconjugate Chemistry, 16 (2005): 567-575

[Jan2000] A. Janshoff, H.-J. Galla, C. Steinem. *Mikrogravimetrische Sensoren in der Bioanalytik – eine Alternative zu optischen Sensoren?* Angewandte Chemie, 112 (2000): 4164-4195

[Jan2008] L.-S. Jang, H.-K. Keng. *Modified fabrication process of protein chips using a short-chain self-assembled monolayer.* Biomedical Microdevices, 10 (2008): 203-211

[Jen2003] B. V. Jensen, J. S. Johansen, P. A. Price. *High Levels of Serum HER-2/neu and YKL-40 Independently Reflect Aggressiveness of Metastatic Breast Cancer.* Clinical Cancer Research, 9 (2003): 4423–4434

[Jia2008] X. Jiang, D. Li, X. Xua, Y. Ying, Y. Li, Z. Ye, J. Wang. *Immunosensors for detection of pesticide residues.* Biosensors and Bioelectronics, 23 (2008): 1577–1587

[Joh1991] B. Johnson, S. Löfas, G. Lindquist, A. Edström, R. M. Müller-Hillgren, A. Hanson. Immobilization of proteins to a carboxymethly dextran-modified gold surface for biospecific interaction analysis in surface Plasmon resonance sensors. Analytical Biochemistry, 198 (1991): 268-277

[Jun2007] A. Jung, T. M. A. Gronewold, M. Tewes, E. Quandt, P. Berlin. *Biofunctional structural design of SAW Sensor chip surface in a microfluidic sensor system.* Sensors and Actuators B, 124 (2007): 46–52

[Kan2009] L. Kantiani, M. Farré, D. Barceló. Analytical methodologies for the detection of ß-lactam antibiotics in milk and feed samples. Trends in Analytical Chemistry, 28:6 (2009): 729-744

[Kar1994] R. Karlsson. *Real-Time Competitive Kinetic Analysis of Interactions between Low-Molecular-Weight Ligands in Solution and Surface-Immobilized Receptors.* Analytical Biochemistry, 221 (1994): 142-151

[Kay2002] O. Kayser. *Grundwissen pharmazeutische Biotechnologie.* Teubner-Verlag, 1.Auflage (2002)

[Kho1953] H. G. Khorana. The Chemistry of carbodiimides. Chemical Reviews, 53 (1953): 145-166

[Kin1964] W. H. Jr. King. Piezoelectric sorption detectot. Analytical Chemistry, 36 (1964): 1735-1739

[Kin2003] P. Kingshott, J. Wei, D. Bagge-Ravn, N. Gadegaard, L. Gram. Covalent Attachment of Poly(ethylene glycol) to Surfaces, Critical for Reducing Bacterial Adhesion. Langmuir, 19 (2003): 6912-6921

[Kir2008] L. Kirby, L. Greer, C. Corn, D. S. Gelbspan, R. Grimes, Y. Min Shi, P. Su, J. T. Snyder. *Clinical Study of the BT Test™ for Breast Cancer.* Provista Life Sciences (2008), online

[Kon1993] J. Kondoh, S. Shiokawa. *A Liquid Sensor Based on a Shear Horizontal SAW Device.* Electronics and Communications in Japan, 76 (1993): 69-82

[Kös2004] W. J. Köstler, B. Schwab, C. F. Singer, R. Neumann, E. Rücklinger, T. Brodowicz, S. Tomek, M. Niedermayr, M. Hejna, G. G. Steger, M. Krainer, C. Wiltschke, C. C. Zielinski. *Monitoring of Serum Her-2/neu Predicts Response and Progression- Free Survival to Trastuzumab-Based Treatment in Patients with Metastatic Breast Cancer.* Clinical Cancer Research, 10 (2004): 1618–1624

[Kwo2004] Y. Kwon, Y. Roh. *Development of SH-SAW for underwater measurement.* Ultrasonics, 42 (2004): 409–411

[Lac2006] M. Lacroix. *Significance, detection and markers of disseminated breast cancer cells.* Endocrine-Related Cancer, 13 (2006): 1033–1067

[Lai2006] O. H. Laitinen, V. P. Hytönen, H. R. Nordlund, M. S. Kulomaa. *Genetically engineered avidins and streptavidins.* Cellular and Molecular Life Science, 63 (2006): 2992–3017

[Lam2004] R. Lamerz, P.Stieber. Tumormarker. Deutsche Medizinische Wochenschrift, 129 (2004): 2722-2728

[Lam2007] J. Lamar. Entwicklung, *Optimierung und Validierung eines rezeptorproteingestützten Mikrotiterplatten-Tests zur Rückstandsanalytik von ß-Lactam-Antibiotika.* Doktorarbeit, im Fachbereich Mathematik und Naturwissenschaften, Bergische Universität Wuppertal (2007)

[Län2003] K. Länge, F. Bender, A. Voigt, H. Gao, M. Rapp. *A Surface Acoustic Wave Biosensor Concept with Low Flow Cell Volumes for Label-Free Detection.* Analalytical Chemistry, 75 (2003): 5561-5566

[Län2007] K. Länge, S. Grimm, M. Rapp. *Chemical modification of parylene C coatings for SAW biosensors.* Sensors and Actuators B, 125 (2007): 441-446

[Län2008a] K. Länge, B. E. Rapp, M. Rapp. *Surface acoustic wave biosensors: a review.* Anal Bioanal Chem, 391(2008): 1509-1519

[Län2008b] K. Länge, M. Rapp. *Influence of intermediate aminodextran layers on the signal response of surface acoustic wave biosensors.* Analytical Biochemistry, 377 (2008): 170–175

[Län2009a] K. Länge, F. J. Gruhl, M. Rapp. *Influence of Preparative Carboxylation Steps on the Analyte Response of an Acoustic Biosensor.* IEEE Sensors Journal, 9:12 (2009): 2033-2034

[Län2009b] K. Länge, M. Rapp. *Influence of intermediate hydrogel layer and amount of binding sites on the signal response of surface acoustic wave biosensors.* Sensors and Actuators B, 142 (2009): 39–43

[Lat2006] O. H. Laitinen, V. P. Hytönen, H. R. Nordlund, M. S. Kulomaa. *Genetically engineered avidins and streptavidins.* Cellular and Molecular Life Science, 63 (2006) 2992–3017

[Les1996] J. Lessel. *Penicillin-bindende Proteine: Das Target der P-Lactam-Antibiotika Wirkungsmechanismus von ß-Lactamasen und deren Inhibitoren*. Pharmazie in unserer Zeit, 2:1 (1996): 17-27

[Les1998] E. Leszczynska, S. Glab, A. Soko, K. Dziegielewski, R. Rokicka, R. Koncki. *Potentiometric biosensor for control of biotechnological production of penicillin G.* Analytica Chimica Acta, 368 (1998): 205-210

[Lin2009] C.-C. Lin, K. S. Anseth. *PEG Hydrogels for the Controlled Release of Biomolecules in Regenerative Medicine*. Pharmaceutical Research, 26:3 (2009): 631-643

[Lip1881] G. Lippmann. Annales de Chimie et de Physique, Ser 5:T 24 (1881): 145

[Lip2002] A. Lipton, S.M. Ali, K. Leitzel, L. Demers, V. Chinchilli, L. Engle, Harold A. Harvey, C. Brady, C.M. Nalin, M. Dugan, W. Carney, J. Allard. *Elevated Serum HER-2/neu Level Predicts Decreased Response to Hormone Therapy in Metastatic Breast Cancer*. Journal of Clinical Oncology, 20:6 (2002): 1467-1472

[Lip2005] A. Lipton, K. Leitzel, S. M. Ali, L. Demers, H. A. Harvey, H. A. Chaudri-Ross, D. Evans, R.Lang, W. Hackl, P. Hamer, W. Carney. Serum HER-2/neu Conversion to Positive at the Time of Disease Progression in Patients with Breast Carcinoma on Hormone Therapy. Cancer, 104:2 (2005): 257-263

[Liu1998] J. Liu, L. Li, G. Li, R. Han, K. Chen. *H+ISFET-based biosensor for determination of penicillin G*. Biosensors and Bioelectronics, 13 (1998): 1023-1028

[Löf1990] S. Löfas, B. Johnson. *A novel hydrogel matrix on gold surfaces in surface Plasmon resonance sensors for fast and efficient covalent immobilization of ligands.* Journal of the Chemical Society, Chemical Communications, 21 (1990): 1526-1528

[Löf1993] S. Löfas, B. Johnson, K. Tegendal, I. Rönnberg. *Dextran modified gold surfaces for surface plasmon resonance sensors: immunoreactivity of immobilized antibodies and antibody-surface interaction studies.* Colloids and Surfaces B: Biointerfaces, 1 (1993): 83-89

[Log2005] A. Logrieco, D. W. M. Arrigan, K. Brengel-Pesce, P. Siciliano, I. Tothill. *DNA arrays, electronic noses and tongues, biosensors and receptors for rapid detection of toxigenic fungi and mycotoxins: A review*. Food Additives and Contaminants, 22:4 (2005): 335–344

[Lov1911] A. E. H. Love. *Some problems of geodynamics*. Univ. Press (1911)

[Lüf2003a] D. Lüftner, C. Lüke, K. Possinger. *Serum HER-2/neu in the management of breast cancer patients*. Clinical Biochemistry, 36 (2003): 233–240

[Lüf2003b] D. Lüftner. *Die Bedeurung des Serumantigens des Onkoproteins HER-2/neu für die Diagnostik und Therapie des Mammakarzinoms*. Habilitationsschrift, an der medizinischen Fakultät Charité, Humboldt-Universität zu Berlin (2003)

[Mac1981] D. M. Macaulay, V. S. Packard. *Evaluation of methods used to detect antibiotic residues in milk*. Journal of Food Protection, 44 (1981): 696-698

[Mär1995] E. Märtlbauer. *Die Hemmstoffproblematik aus der Sicht der Analytik*. Milchwirtschaftliche Berichte, 124 (1995): 115-119

[Mar2006] V. S. Martin, B. A. Sullivan, K. Walker, H. Hawk, B. P. Sullivan, L. J. Noe. *Surface Plasmon Resonance Investigations of Human Epidermal Growth Factor Receptor 2*. Applied Spectroscopy, 60:9 (2006): 994-1003

[Mas2008] M. Mascini, S. Tombelli. *Biosensors for biomarkers in medical diagnostics*. Biomarkers, 13:7-8 (2008): 637-657

[Mat1992] L. M. Matrisian. *The Matrix-Degrading Metalloproteinases*. BioAssays, 14:7 (1992): 455-463

[Mat2009] A. Matern. Nachweis von C-reaktivem Protein (CRP) mit einem Biosensor auf der Basis akustischer oberflächenwellen (surface acoustic wave, SAW). Diplomarbeit, am Institut für Mikrostrukturtechnik, Forschungszentrum Karlsruhe und FH Offenburg (2009)

[Mau2009] P. Maurer, T. Becker, M. Memmer. *Überexpression, Reinigung und Analytik von membranassoziierten Proteinen - Penicillin-bindenden Proteinen*. Praktikumsskript, Institut für Mikrobiologie, Universität Kaiserslautern (2009)

[Meh2008] J. Mehne, G. Markovic, F. Pröll, N. Schweizer, S. Zorn, F. Schreiber, G. Gauglitz. *Characterisation of morphology of self-assembled PEG monolayers: a comparison of mixed and pure coatings optimised for biosensor applications.* Analytical Bioanalytical Chemistry 391 (2008): 1783–1791

[Mel2002] L. D. Mello, L. T. Kubota. *Analytical, Nutritional and Clinical Methods. Review of the use of biosensors as analytical tools in the food and drink industries.* Food Chemistry, 77 (2002): 237–256

[Mel2008] J. Melendez-Zajgla, L. Del Pozo, G. Ceballos, V. Maldonado. *Tissue Inhibitor of Metalloproteinases-4. The road less traveled.* Molecular Cancer, 7:85 (2008): 1-11

[Men2004] S. Ménard, P. Casalini, M. Campiglio, S. M. Pupa, E.Tagliabue. *Role of HER-2/neu in tumor progression and therapy.* Cellular Molecular Life Science, 61 (2004): 2965–2978

[Mil1990] E. Miller, E. Leighton. *Swelling of Parylene C.* Journal of Elastomers and Plastics, 22 (1990): 46-57

[Mit1998] J. M. Mitchell, M. W. Griffiths, S. A. McEwen, W. B. McNab, A. J. Yee. *Antimicrobial drug residues in milk and meat: causes, concerns, prevalence, regulations, tests and test performance.* Journal of Food Protection, 61 (1998): 742-756

[Mit2005] J, S. Mitchell, Y. Wu, C. J. Cook, L. Main. *Sensitivity enhancement of surface plasmon resonance biosensing of small molecules.* Analytical Biochemistry, 343 (2005): 125–135

[Mit2010] T. Mitsudomi, Y. Yatabe. *Epidermal growth factor receptor in relation to tumor development: EGFR gene and cancer.* FEBS Journal, 277 (2010): 301–308

[Møl2005] N. Møller Sørensen, B. L. Dowell, K. D. Stewart, V. Jensen, L. Larsen, U. Lademann, G. Murphy, H. J. Nielsen, N. Brünner, G. J. Davis. *Establishment and Characterization of 7 New Monoclonal Antibodies to Tissue Inhibitor of Metalloproteinases-1.* Tumor Biology, 26 (2005): 71–80

[Mon2006] S. R. Montezuma, J. Loewenstein, C. Scholz,2 J. F. Rizzo. *Biocompatibility of Materials Implanted into the Subretinal Space of Yucatan Pigs*. Investigative Ophthalmology & Visual Science, 47:8 (2006): 3514-3522

[Mur1987] H. Muramatsu, J. M. Dicks, E. Tamiya, I. Karube. *Piezoelectric Crystal Biosensor Modified with Protein A for Determination of Immunoglobulins*. Analytical Chemistry, 59 (1987): 2760-2763

[Mut2004] T. Mutschler. *Charakterisierung bio – und chemosensitiver Schichten mit Ellipsometrie und AFM.* Doktorarbeit, an der Fakultät für Chemie und Pharmazie, Universität Tübingen (2004)

[NCI2008] National Cancer Institue. *Understanding Estrogen Receptors, Tamoxifen, and Raloxifene.* http://cancer.gov/cancertopics/understandingcancer (2008), online

[NCI2009] National Cancer Institute *Breast Cancer.* http://www.cancer.gov/cancertopics/factsheets (2009), online.

[Neg2004] A. Negro, B. K. Brar, K.-F. Lee. *Essential Roles of HER-2/HER-2 in Cardiac Development and Function*. Endocrine Society (2004): 1-12

[Neu2009] N. Neubauer. *Nachweis des niedermolekularen Wirkstoffes Penicillin mittels Surface Acoustic Wave (SAW)-Biosensoren.* Diplomarbeit, am Institut für Mikrostrukturtechnik, Forschungszentrum und Universität Karlsruhe (2009)

[Ola2001] M. A. Olayioye. *Update on Her-2 as target of cancer therapy. Intracellular signaling pathways of HER-2/HER-2 and family members*. Breast Cancer Research, 3 (2001): 385-389

[Ora2003] P. D'Orazio. *Biosensors in clinical chemistry*. Clinica Chimica Acta, 334 (2003): 41–69

[Ost1995] S. Ostermeier, E. Schneider, E. Usleber, E. Märtlbauer, G. Terplan. Rapid enzyme immunoassays for the detection of three sulfonamides in milk. Food Agricultural Immunology, 7 (1995): 253-258

[Ott1975] H. Otten, M. Plempel und W. Siegenthaler. *Antibiotika-Fiebel*. Thieme Verlag, Stuttgart, 4. Auflage (1975): 110-406

[Pau2008] N. Paulin, J. H. Oh, S. O. Salma, J. A. Seabold, D. C. Rodger, Y.-C. Tai, M. E. Thompson. *Improvement of metal and tissue adhesion on surface-modified parylene C.* Journal of Biomedical Materials Research Part A (2008): 206-214

[Pay2000] R. C. Payne, J. W. Allard, L. Anderson-Mauser, J. D. Humphreys, D. Y. Tenney, D. L. Morris. *Automated Assay for HER-2/neu in Serum.* Clinical Chemistry, 46:2 (2000): 175–182

[Pet2008] C. Petry, M. Gehrmann, C. von Törne, K. Weber, U. Stropp, G. Hennig. *Prädiktive und prognostische Brustkrebsmarker. Molekularbiologische Analyse von fixiertem Tumorgewebe als Basis.* Pathologe, 29:Suppl 2 (2008):181–183

[Pfe2009] U. Pfeffer, F. Romeo, D. M. Noonan, A. Albini. *Prediction of breast cancer metastasis by genomic profiling: where do we stand?* Clinical and Experimental Metastasis, 26 (2009): 547–558

[Pie2000] J. Piehler, A. Brecht, R. Valiokas, B. Liedberg, G. Gauglitz. *A high-density poly(ethylene glycol) polymer brush for immobilization on glass-type surfaces.* Biosensors and Bioelectronics, 15 (2000): 473-481

[Poh2008] M. Pohanka, P. Skládal. *Electrochemical biosensors - principles and applications.* Journal of Applied Biomedicine, 6 (2008): 57–64

[Pos2005] A. Poscia, D. Messeri, D. Moscone, F. Ricci, F. Valgimigli. *A novel continuous subcutaneous lactate monitoring system.* Biosensors and Bioelectronics, 20 (2005): 2244-2250.

[Rad2009] R. Radpour, Z. Barekati, C. Kohler, W. Holzgreve, X. Y. Zhong. *New Trends in Molecular Biomarker Discovery for Breast Cancer.* Genetic Testing and Molecular Biomarkers, 13:5 (2009): 565-571

[Rap1991] M. Rapp. *Chemische Sensorik mit akustischen Oberflächenwellen.* Doktorarbeit, am Institut für Angewandte Physik II, Universität Heidelberg (1991)

[Rap1993] M. Rapp, D. A. Moss, J. Reichert, H. J. Ache. Proceedings of the 7th International Conference of Solid State Sensors and Actuators (Transducers 1993), Yokohama, Japan (1993): 538-540

[Rap2000] M. Rapp, U. Stahl. *WO002001029553A1 – Sensor using surface acoustic wave components*. Schutzrecht (April 1999)

[Rap2008] B. E. Rapp. *Entwicklung eines Biosensor-Array-Systems auf der Basis von akustischen Oberflächenwellensensoren mit integrierter einwegtauglicher Mikrofluidik.* Dotkorarbeit, am Institut für Mikrotstrukturtechnik, Forschungszentrum und Universität Karlsruhe (TH) (2008)

[Ray1894] J. W. S. Rayleigh. *The theorie of sound.* Dover Public, reprogr. Nachdruck der Ausgabe 1894/1896

[Rei1998] J. Reibel, S. Stier, A. Voigt, M. Rapp. *Influence of Phase Position on the Performance of Chemivcal Sensors Based on SAW Device.* Analytical Chemistry, 70 (1998): 5190-5197.

[Ric1985] A. J. Ricco, S. J. Martin, T. E. Zipperian. *Surface acoustic wave gas sensor based on film conductivity changes*. Sensors and Actuators, 8 (1985): 319-333.

[Ric2008] R. L. Richa, D. G. Myszka. *Survey of the year 2007 commercial optical biosensor literature*. Journal of Molecular Recognition, 21 (2008): 355–400

[Rie1999] S. Riediker, R. Stadler. *Simultaneous determination of five ß-lactam antibiotics in bovine milk using liquid chromatography couples with electrospray ionization tandem mass spectrometry*. Analytical Chemistry, 73 (1999): 1614-1621.

[Rif2006] N. Rifai, M. A. Gilette, S. A. Carr. *Protein biomarker discovery and validation: the long and uncertain path to clinical utility*. Nature Biotechnology, 24:8 (2006): 971-984

[Rod2006] S. Rodriguez-Mozaz, M. J. Lopez de Alda, D. Barceló. *Biosensors as useful tools for environmental analysis and monitoring.* Analytical Bioanalytical Chemistry, 386 (2006): 1025–1041

[Roe1983] J. E. Roederer, G. J. Bastiaans. *Microgravimetric Immunoassay with Piezoelectric Crystals*. Anaytical. Chemistry, 55 (1983): 2333-2336

[Roe1993] E. Roeb, L. Graeve, R. Hoffmann, K. Decker, D. R. Edwards, P. C. Heinrich. *Regulation of tissue inhibitor of metalloproteinases-1 gene expression by cytokines and dexamethasone in rat hepatocyte primary cultures*. Hepatology, 18 (1993): 1437-1442

[Roe1995] Römpp Chemielexikon, 9.Auflage, Thieme Verlag (1995)

[Sad2009] O. A. Sadik, A. O. Aluoch, A. Zhou. *Status of biomolecular recognition using electrochemical techniques*. Biosensors and Bioelectronics, 24 (2009): 2749–2765

[Sap2004] K.E. Sapsford, Y.S. Shubin, J.B. Delehanty, J.P. Golden, C.R. Taitt, L.C. Shriver-Lake, F.S. Ligler. *Fluorescence-based array biosensors for detection of biohazards.* Journal of Applied Microbiology, 96 (2004): 47–58

[Sas2008] A. Sassolas, B. D. Leca-Bouvier, L. J. Blum. *DNA Biosensors and Microarrays*. Chemical Reviews., 108 (2008): 109-139

[Sau1959] G. Sauerbrey. *Verwendung von Schwingquarzen zur Wägung dünner Schichten und zur Mikrowägung.* Zeitschrift für Physik, 155 (1959): 206-222

[Sch1989] F. Scheller, F. Schubert. Biosensoren. Birkhäuser Verlag, Basel, Boston, Berlin, 1989

[Sch1996] P. Schnappinger, E. Schneider, E. Märtlbauer, G. Terplan. *Rapid detection of streptomycin and dihydrostreptomycin in milk by enzyme-linked immune-filtration assay.* Food Agricultural Immunolology, 8 (1996): 269-272

[Sch1998] A. Schliephake. *A comparative study of a newly developed agar-diffusion test and the brilliant-black reduction test in conjunction with an ELISA-reader to measure antibiotic residues in milk*. Milchwissenschaften, 53 (1998): 88-92

[Sch1999] H. Schetters. *Avidin and streptavidin in clinical diagnostics.* Biomolecular Engineering, 16 (1999): 73–78

[Sch2001a] K. Schügerl. *Progress in monitoring, modeling and control of bioprocesses during the last 20 years.* Journal of Biotechnology, 85 (2001): 149–173

[Sch2001b] G. Schaller, K. Evers, S. Papadopoulus, A. Ebert, H. Bühler. *Current use of HER-2 tests*. Annals of Oncology, 12:Suppl.1 (2001): S97-S100

[SCS2006] Special Coating Systems™. *Advanced protection for extreme environments.* Handbook of SCS automotive coatings (2006)

[Set199] S. J. Setford, R. M. Van Es, Y. J. Blankwater, S. Kröger. *Receptor binding protein amperometric affinity sensor for rapid ß-lactam quantification in milk.* Analytica Chimica Acta, 398 (1999): 13-22

[She2003] A. D. Sheehan, J. Quinn, S. Daly, P. Dillon, R. O'Kennedy. *The Development of Novel Miniaturized Immunosensing Devices: A Review of a Small Technology with a Large Future.* Analytical Letters, 36 :3 (2003): 511–537

[She2008] S. Sheik, C. Blaszykowski, M. Thompson. *Acoustic Wave-Based Detection in Bioanalytical Chemistry: Competition for Surface Plasmon Resonance?* Analytical Letters, 41 (2008): 2525-2538

[Shi1988] S. Shiokawa, T. Moriizumi. *Design of SAW Sensor in Liquid.* Japanese Journal of Applied Physics, 27 (1988): 142-144

[Sil2009] M. J. Silverstein, A. Recht, M. D. Lagios, I. J Bleiweiss, P. W. Blumencranz, T. Gizienski, S. E. Harms, J. Harness, R. J. Jackman, S. Klimberg, R. Kuske, G. M. Levine, M. N. Linver, E. A. Rafferty, H. Rugo, K. Schilling, D. Tripathy, P. W. Whitworth, S. C. Willey. *Image-Detected Breast Cancer: State-of-the-Art Diagnosis and Treatment.* Journal of the American College of Surgeons, 209:4 (2009): 504-520

[Sma2006] Confidental. *D1.2 Identification of markers for breast, colorectal and cervical cancer.* SmartHEALTH – Integrated Project (2006), eingeschränkte Öffentlichkeit

[Sma2007] C. McNeil. 1st Periodic Activity Report. SmartHEALTH (2007)

[Sma2008] C. McNeil. 2nd Periodic Activity Report. SmartHEALTH (2008)

[Sop2006] S. A. Soper, K. Brown, A. Ellington, B. Frazier, G. Garcia-Manero, V. Gauf, S. I. Gutmang, D. F. Hayes, B. Korte, J. L. Landers, D. Larson, F. Ligler, A. Majumdarm, M. Mascini, D. Nolte, Z. Rosenzweig, J. Wang, D. Wilson. *Point-of-care biosensor systems for cancer diagnostics/prognostics.* Biosensors and Bioelectronics, 21 (2006): 1932–1942

[Sri2001a] P. R. Srinivas, B. S. Kramer, S. Srivastava. *Trends in biomarker research for cancer detection.* Lancet Oncology, 2 (2001): 698–704

[Sri2001b] P. R. Srinivas,S. Srivastava, S. Hanash, G. L. Wright, Jr. *Proteomics in Early Detection of Cancer.* Clinical Chemistry, 47:10 (2001): 1901–1911

[Sta1999] U. Stahl. *Entwicklung eines Verfahrens zur Stabilisierung von Polymerschichten auf OFW-Sensoren zur Analytik von organischen Gasen.* Doktorarbeit, am Institut für Instrumentelle Analytik, Forschungszentrum und Universität Karlsruhe (TH) (1999)

[Sta2005] R. Stahlmann, H. Lode. *Antibiotika und Chemotherapeutika - antiinfektiöse Therapie.* Allgemeine und spezielle Pharmakologie und Toxikologie, Urban und Fischer, München, 9 (2005): 784-902

[Ste2008] W. G. Stetler-Stevenson. *Tissue Inhibitors of Metalloproteinases In Cell Signaling: Metalloproteinase-independent Biological Activities.* Science Signalling., 1:27 (2008): 1-16

[Str2003] A. C. Strasser. *Entwicklung eines Biosensors zum Nachweis von Antibiotika und Sulfonamiden in Milch - Herstellung der immunchemischen Komponenten.* Doktorarbeit, an der Tierärztlichen Fakultät, Ludwig-Maximilians-Universität München (2003)

[Suh1998] G. Suhren, J. Reichmuth. *Nachweis von β-laktamantibiotikarückständen in Milch - Erfahrungen mit dem SNAP-Beta-Laktamtest.* Dtsch. Molkerei-Zg., 14 (1998): 674-68

[Sun1999] S. Sundaresan, E. Penuel, M. X. Sliwkowski. *The Biology of Human EpidermalGrowth Factor Receptor 2.* Current Oncology Reports, 1 (1999): 16–22

[Tal2005] A. Talvensaari-Mattila, T. Turpeeniemi-Hujanen. *High preoperative serum TIMP-1 is a prognostic indicator for survival in breast carcinoma.* Breast Cancer Research (2005) 89: 29-34

[Tha2007] P. Thavarungkul, S. Dawan, P. Kanatharana, P. Asawatreratanakul. *Detecting penicillin G in milk with impedimetric label-free immunosensor.* Biosensors and Bioelectronics, 23 (2007): 688-694

[The2001] D. R. Thévenot, K. Toth, R. A. Durst, G. S. Wilson. *Electrochemical biosensors: recommended definitions and classification.* Biosensors and Bioelectronics, 16 (2001): 121–131

[The2009] Thermo Scientific. *Avidin-Biotin Technical Handbook.* Thermo Scientific, www.thermo.com (2009)

[Tom2000] S. Tombelli, M. Mascini. *Piezoelectric Quartz Crystal Biosensors: Recent Immobilisation Schemes.* Analytical Letters, 33:11 (2000): 2129-2151

[Tot2009] I. E. Tothill. *Biosensors for cancer markers diagnosis.* Seminars in Cell & Developmental Biology, 20 (2009): 55–62

[Tur1987] A.P.F. Turner, I. Karube, G. S. Wilson. *Biosensors: fundamentals and applications.* Oxford University Press ISBN 0-19-854724-2 (1987)

[Van2000] E. J. Vandamme, S. De Baets, A. Steinbüchel. Biopolymers – polysaccharides I. Wiley-VCH-Verlag, ISBN 3-527-30226-3 (2000)

[Viz2007] F. J. Vizoso, L. O. González, M. D. Corte, J. C. Rodríguez, J. Vázquez, M. L. Lamelas, S. Junquera, A. M. Merino, J. L. García-Muñiz. *Study of matrix metalloproteinases and their inhibitors in breast cancer.* British Journal of Cancer, 96 (2007): 903 – 911

[Wan2006] J. Wang. *Electrochemical biosensors: Towards point-of-care cancer diagnostics.* Biosensors and Bioelectronics, 21 (2006): 1887–1892

[War2009] A. Warsinke. *Point-of-care testing of proteins.* Analytical Bioanalytical Chemistry, 393 (2009):1393–1405

[Wat2008] U. Wattendorf, H. P. Merkle. *PEGylation as a Tool for the Biomedical Engineering of Surface Modified Microparticles.* Journal of Pharmaceutical Sciences, 97:11 (2008): 4655-4669

[Wax1983] D. Waxman, J. Strominger. *Penicillin binding proteins and the mechanism of action of ß-lactam antibiotics.* Annual Reviews in Biochemistry, 52 (1983): 825-869.

[Wes1996] T. Wessa. *Entwicklung eines Immunosensors auf der Basis akustischer Oberflächenwellen.* Doktorarbeit, am Institut für Instrumentelle Analytik, Forschungszentrum Karlsruhe und Universität Karlsruhe (1996)

[Whi1965] R. M. White, F. W. Voltmer. *Direct piezoelectric Coupling to Surface Elastic Waves*. Journal of Applied Physics Letters, 7 (1965): 314-316

[Whi1988] R. M. White, S. W. Wenzel. *Fluid loading of a Lamb-wave sensor*. Applied Physic Letters, 52 (1988): 1653-1655

[WHO2009] World Health Organization. *Cancer*. http://www.who.int/mediacentre/factsheets (2009), online.

[Wil2006] M. Wilchek, E. A. Bayer, O. Livnah. *Essentials of biorecognition: The (strept)avidin–biotin system as a model for protein–protein and protein–ligand interaction.* Immunology Letters, 103 (2006): 27–32

[Wit2003] W. Witte, M. Mielke. *β-Laktamasen mit breitem Wirkungsspektrum: Grundlagen, Epidemiologie, Schlussfolgerungen für die Prävention.* Bundesgesundheitsbl - Gesundheitsforsch – Gesundheitsschutz, 46 (2003): 881–890

[Woh1979] H. Wohltjen, R. E. Dessy. *Surface Acoustic Wave probe for chemical analysis.* Analytical Chemistry, 51 (1979): 1458-1475

[Woj1997] S. M. Wojtowicz-Praga, R. B. Dickson, M. J. Hawkins. *Matrix metallo-proteinase inhibitors.* Investigational New Drugs, 15 (1997): 61–75

[Won2009] L. S. Wong, F. Khan, J. Micklefield. *Selective Covalent Protein Immobilization: Strategies and Applications*. Chemical Reviews, 109 (2009): 4025–4053

[Woz2003] G. Wozniaka, E. Obermayra, M. Jerasb, M. Knezevicb, F. Rüker. *An ELISA for the detection of TIMP-1 based on recombinant single chain Fv fusion proteins*. Clinica Chimica Acta, 335 (2003): 49–57

[Wür2005] S. Würtz, A.-S. Schrohl, N. Møller Sørensen, U. Lademann, I. J. Christensen, H. Mouridsen, N. Brünner. *Tissue inhibitor of metalloproteinases-1 in breast cancer.* Endocrine-Related Cancer, 12 (2005): 215–227

[Xue2008] F. Xue, K. B. Michels. *Intrauterine factors and risk of breast cancer: a systematic review and meta-analysis of current evidence.* Lancet Oncology, 8 (2007): 1088–100

[Yon1993] S. Yonezawa, A. Kambegawa, S. Tokudome. *Covalent coupling of a steroid to microwell plates for use in a competitive enzyme-linked immunosorbent assay.* Journal of Immunological Methods, 166 (1993): 55-61

[Zim2003] R. Zimmermann, O. Birkert, G. Gauglitz, C. Werne. Electrosurface Phenomena at Polymer Films for Biosensor Applications. Chemphyschem, 4 (2003): 509-514

[Zom1996] E. Zomer, T. Lieu. *Performance of a broad spectrum anti-microbial drug inhibition assay (AIM 96) in an interlaboratory collaborative study in bulk raw milk.* Milchwissenschaften, 51 (1996): 696-698

Schriften des Instituts für Mikrostrukturtechnik am Karlsruher Institut für Technologie (ISSN 1869-5183)

Herausgeber: Institut für Mikrostrukturtechnik

Die Bände sind unter www.ksp.kit.edu als PDF frei verfügbar oder als Druckausgabe bestellbar.

Band 1 Georg Obermaier
Research-to-Business Beziehungen: Technologietransfer durch Kommunikation von Werten (Barrieren, Erfolgsfaktoren und Strategien). 2009
ISBN 978-3-86644-448-5

Band 2 Thomas Grund
Entwicklung von Kunststoff-Mikroventilen im Batch-Verfahren. 2010
ISBN 978-3-86644-496-6

Band 3 Sven Schüle
Modular adaptive mikrooptische Systeme in Kombination mit Mikroaktoren. 2010
ISBN 978-3-86644-529-1

Band 4 Markus Simon
Röntgenlinsen mit großer Apertur. 2010
ISBN 978-3-86644-530-7

Band 5 K. Phillip Schierjott
Miniaturisierte Kapillarelektrophorese zur kontinuierlichen Überwachung von Kationen und Anionen in Prozessströmen. 2010
ISBN 978-3-86644-523-9

Band 6 Stephanie Kißling
Chemische und elektrochemische Methoden zur Oberflächenbearbeitung von galvanogeformten Nickel-Mikrostrukturen. 2010
ISBN 978-3-86644-548-2

Band 7 Friederike J. Gruhl
Oberflächenmodifikation von Surface Acoustic Wave (SAW) Biosensoren für biomedizinische Anwendungen. 2010
ISBN 978-3-86644-543-7